红顶白蛋高头

红白虎头

红头白兰寿

红白兰寿

红虎头鱼

红兰寿

红龙睛

紫龙睛

黑虎头

龙睛

朱球墨龙睛

和金

鹤顶红

白琉金

土佐金

红琉金鱼

长尾红白琉金

红狮头

白狮头

蓝狮头

五花狮头

红白水泡眼

水泡眼

锦鲤

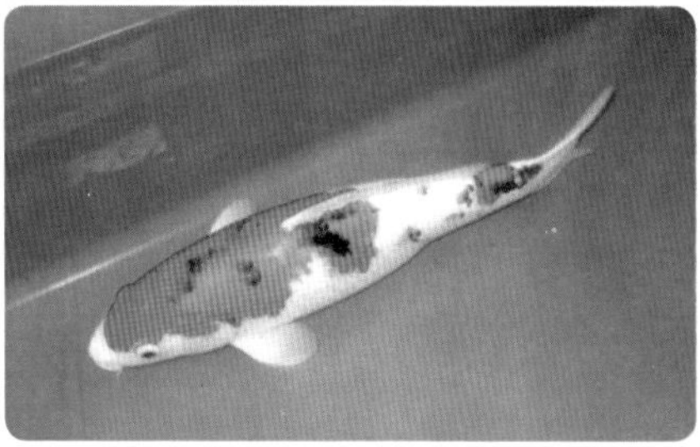
大正三色

丹顶

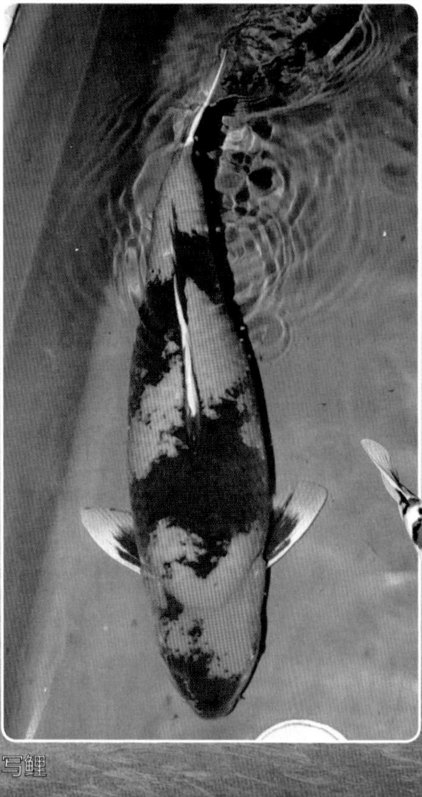
写鲤

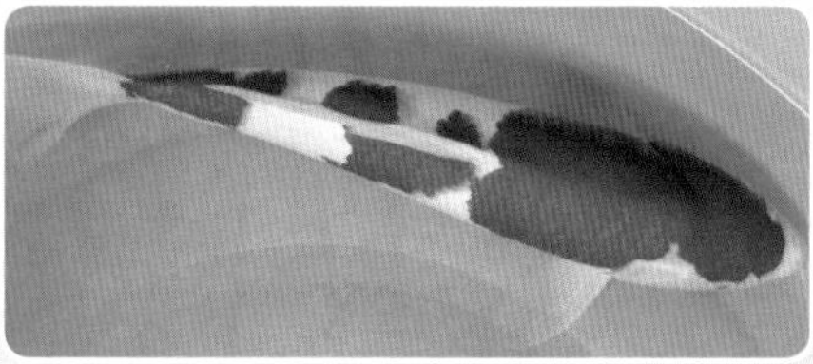
红白锦鲤

黄锦鲤

昭和三色

热带鱼

七彩神仙鱼

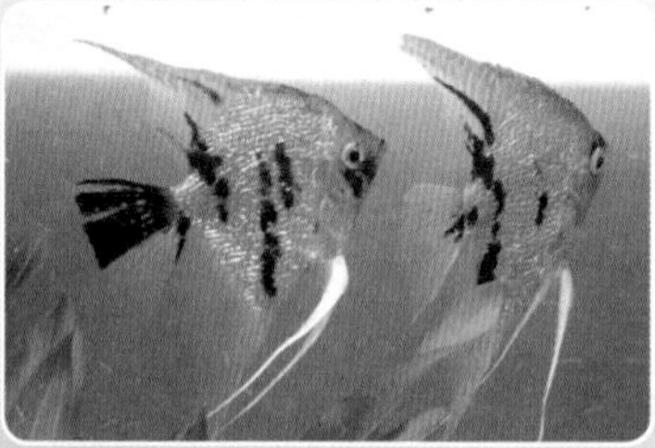
神仙鱼

鹦鹉鱼

菠萝鱼

罗汉鱼

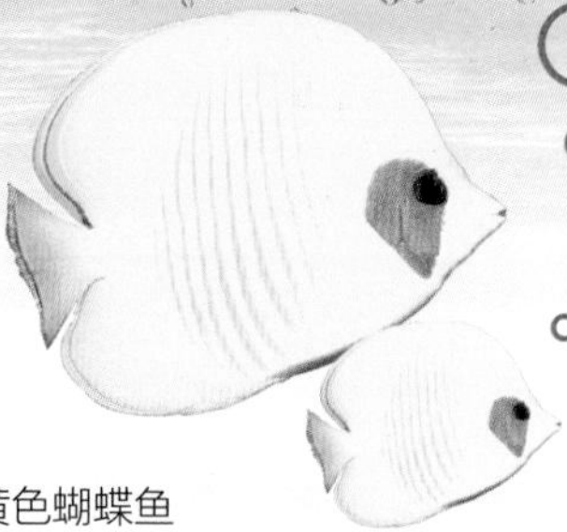

黄色蝴蝶鱼

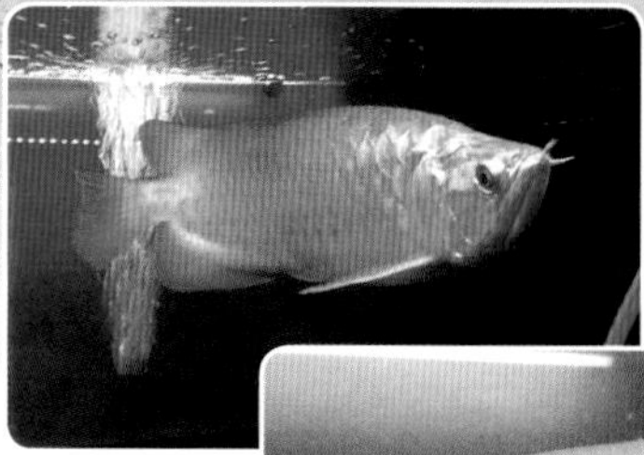

辣椒红龙鱼

绿皮辣椒红龙鱼

玻璃猫鱼

孔雀鱼

黑玛丽鱼

狮子鱼

桔尾蝴蝶鱼

七彩过背金龙

狮王斗鱼

泰国斗鱼

招财鱼

接吻鱼

玫瑰扯旗鱼

中国斗鱼

黄肚蓝魔

丽丽鱼

小丑鱼

怎样养好观赏鱼

杨雨虹　王裕玉　编著

金盾出版社

内 容 提 要

这是一本介绍观赏鱼养殖技术的实用性图书。全书从观赏鱼概述、常见观赏鱼种类、观赏鱼饲养设施与养殖用水、观赏鱼的家庭饲养技术与方法、水族箱的造景与水草种植、观赏鱼常见疾病的预防与治疗等几个方面就观赏鱼养殖技术作了讲解。

本书鱼种丰富，养殖技术讲解到位，实用性强，适用于观赏鱼爱好者、水产养殖者、水产技术人员使用，亦可作为相关院校师生的参考用书。

图书在版编目(CIP)数据

怎样养好观赏鱼/杨雨虹，王裕玉编著．—北京：金盾出版社，2015.3(2016.1重印)

ISBN 978-7-5082-9928-0

Ⅰ．①怎… Ⅱ．①杨…②王… Ⅲ．①观赏鱼类—鱼类养殖 Ⅳ．①S965.8

中国版本图书馆 CIP 数据核字(2015)第000621号

金盾出版社出版、总发行

北京太平路5号(地铁万寿路站往南)

邮政编码：100036 电话：68214039 83219215

传真：68276683 网址：www.jdcbs.cn

封面印刷：北京盛世双龙印刷有限公司

彩页正文印刷：北京天宇星印刷厂

装订：北京天宇星印刷厂

各地新华书店经销

开本：880×1230 1/32 印张：5.625 彩页：8 字数：139千字

2016年1月第1版第2次印刷

印数：4 001～7 000册 定价：18.00元

前　言

观赏鱼是指那些色彩鲜艳、形状奇特、具有观赏价值的鱼类。最初，鱼类养殖被人们当作储存食物的一种方式，而不是用来观赏的。后来，养殖鱼群中出现了一些色彩鲜艳的鱼，人们将其从养殖鱼群中分选出一些来单独饲养，后来逐渐发展成为观赏鱼养殖产业。观赏鱼大致分为三大品系：淡水温带观赏鱼、淡水热带观赏鱼和海水热带观赏鱼，其中，以热带、亚热带水域的鱼类品种最多。观赏鱼有的生活在淡水中，有的生活在海水中，有的以色彩绚丽著称，有的以形状怪异称奇，有的以稀少名贵闻名。

近年来，人们的精神文化生活日益丰富，生活方式发生很大的改变，逐渐从温饱走向更高层次的精神需求，观赏鱼养殖逐渐融入了大众的生活中，一些发达国家与发展中国家相继兴起了观赏鱼养殖热潮。观赏鱼养殖业的发展为人们的休闲娱乐生活增添了许多情趣。现在，在许多旅游景点、商厦、宾馆、娱乐和展览场所都养有观赏鱼，许多家庭养有各种金鱼、神仙鱼及热带鱼、海水观赏鱼等，成为庭院或厅室一景，高雅别致，赏心悦目。当今，一些国家，尤其是发展中国家的观赏鱼养殖规模越来越大，成为渔业经济发展的一个新的增长点。

全书共分六章，主要内容包括：观赏鱼概述、常见观赏鱼的种类、观赏鱼饲养设施与养殖用水、观赏鱼的家庭饲养技术与方法、水族箱的造景与水草种植、观赏鱼常见疾病的预防与治疗。本书适用于观赏鱼爱好者、广大水产养殖者、水产技术人员使用，亦可作为水产院校师生的教学用书。

编著本书时，参阅了《观赏鱼病防治与护理》（汪建国编著）、《观赏鱼饲养指南》（王培潮编著）、《观赏鱼养护管理大全》（占家智等编著）、《观赏鱼养殖新技术》（王权和谢献胜主编）、《观赏鱼与观赏水草》（李姗姗主编）、《海水鱼观赏与饲养》（章之蓉、谢瑞生主编）、《锦鲤养殖实用技法》（占家智等编著）、《锦鲤养殖与鉴赏》（占家智等编著）、《名贵观赏鱼鉴赏与养护》（罗建仁编著）、《热带观赏鱼养殖与鉴赏》（于静涛编著）和《轻松扮靓水族箱之水草篇》（金彩霞和赵玉宝编著）等，在此深表谢意。

由于编者水平有限，书中不妥之处敬请读者指正。

编　者

目　录

第一章 观赏鱼概述

第一节 观赏鱼的养殖历史

据史料记载，最早的鱼类观赏者可能是古埃及人，他们用大玻璃缸饲养冷水性鱼类作为观赏用，而真正进行有色观赏鱼的选择性繁育与欣赏，并形成规模则始于我国 10 世纪前后的宋朝。16 世纪，玻璃缸养殖观赏鱼传入欧洲，出现了公共的水族馆。19 世纪末，观赏鱼养殖传入美洲，出现了第一个观赏鱼养殖者俱乐部，热带鱼开始为人们所认识并逐渐成为观赏鱼的主导。20 世纪初期，电气化的发展，安全可靠的电热水族箱出现，30 年代，观赏鱼养殖者俱乐部遍布欧美各国，形成了观赏鱼行业协会的雏形。随着饲养技术的不断完善与提高，更多的人加入到观赏鱼养殖的行列。与此同时，越来越多的野生观赏鱼不断地被开发而进入了家庭饲养。

我国是金鱼的故乡，是金鱼的原产地。晋朝《述异记》中记载："晋桓冲游庐山，见湖中赤鳞鱼，即此鱼也。"又云："朱衣鲋，泗州永泰河中所出，赤背鲫也。"由此充分证明，金鲫鱼饲养最早始于晋朝。据史料记载，唐代将金黄色的野生鲫鱼进行家化养殖，这就是人类养殖金鱼的起源。到明朝末年，金鱼养殖进入全盛时期，已培育出双尾鳍鱼。1726 年以前已有以无背鳍为特征的金鱼，培育了朝天眼、水泡眼、狮头、鹅头、翻鳃、绒球和珠鳞等品种。400 年前金鱼传入日本，17 世纪传入欧洲，19 世纪初传入美国，现已成为世界性的观赏鱼品种。经过精心挑选与培育，由最初的单尾金鲫鱼逐渐发展为双尾、三尾、四尾金鱼，颜色也由单一的红色逐渐形成红白花、五花、黑色、蓝色、紫色等，体形由狭长的纺锤形演变为椭圆形、皮球形等，品种由单一的金鲫鱼发展为目前的 46 个品系，315 个品种，诸如龙睛、朝天龙、水泡眼、狮头、虎头、绒球、珍珠鳞、鹤顶红等。锦鲤，是指鱼体呈鲜艳似锦的色彩、变换多姿的斑纹，以供人们观赏的鲤鱼，是风靡当今世界的一种高档观赏鱼，有“水中活宝石”“会游泳的艺术品”之美称。锦鲤是一种历史悠久的观赏鱼类，源于中国，兴于日本。在日本经过 200 多年的人工选育，定向培育，时至今日，形成色彩斑斓且品种繁多的锦鲤，共有 13 个大类，119 种之多，主要品种有红白色、昭和三色和大正三色等。

第二节　观赏鱼的养殖状况

一、国外观赏鱼的发展现状

目前，全球观赏鱼年贸易批发值已超过 10 亿美元，零售交易量每年约 15 亿尾，价值 60 亿美元，整体产业年产值超过 140 亿美元。

全球观赏鱼约有 1600 种，淡水鱼超过 750 种。观赏鱼市场可分为四种，最大的为热带淡水鱼种，占市场总量的 80% ~ 90%，其余部分为热带海水和半咸水鱼种、冷水性（淡水）鱼种、寒带海水和半咸水鱼种。90% 的淡水观赏鱼系养殖，10% 系野外采捕。海水观赏鱼，95% 为野外采捕，5% 为人工繁殖。随着海水鱼繁殖技术的提高，海水鱼养殖持续增长。目前，市场上的淡水观赏鱼主要有鳉科、鲤科、慈鲷科等，主要品种有孔雀鱼、红剑、霓虹灯、神仙鱼、金鱼、斑马鱼及七彩神仙鱼等，其中，孔雀鱼和霓虹灯产量占全球观赏鱼市场的 25% 以上，产值占 14% 以上。海水观赏鱼主要有小丑鱼、海水神仙鱼、长吻钻嘴鱼、蝶鱼、石狗公、虾虎鱼、炮弹鱼及海马等。

饲养观赏鱼大多是工业化国家民众的爱好，美国、日本及西欧等工业化国家是观赏鱼的主要进口国。其中，美国是最大的观赏鱼进口国，进口值约占全球的四分之一；其次为日本，约占全球的十分之一，其他主要进口国包括德国、英国、法国、新加坡、比利时、意大利、荷兰、中国、加拿大。新加坡及香港是观赏鱼的主要转运站。

美国约有 10% 的人（1000 万人）饲养观赏鱼，40% 的水族爱好者拥有数个水族箱。主要进口种类为孔雀鱼、霓虹灯，其余受欢迎的品种有摩莉、红剑、七彩神仙、神仙鱼、非洲慈鲷、斑马鱼等。

亚洲是全球观赏鱼最大的出口地区，占全球出口量的59.1%，其中，新加坡是世界最大的观赏鱼输出国。目前，该国约有100家观赏鱼进出口商，观赏鱼产值达3220万新币。此外，马来西亚、印尼、中国、日本、菲律宾、斯里兰卡、泰国、印度是全球重要的观赏鱼出口基地。其他出口区，欧洲约为20%，南美为10%，北美为4%。

二、国内观赏鱼的发展现状

我国观赏渔业的迅速发展始于20世纪80年代末，目前已形成以北京和广州为中心的两大观赏鱼基地。观赏渔业的发展，特别是出口创汇成为渔业新的经济增长点，引起国内外同行的广泛关注。长期以来，我国把养殖观赏鱼作为副业，把食用鱼养殖作为主业，致使我国观赏鱼养殖技术较为落后，与发达国家相比有较大差距，主要表现在：投入少，配套设施不完善，法律和标准不健全；科研起步晚，进展慢，难以在一些高品质的特型、特色、特体、名优种类的培育方面取得进展；规范经营和管理等方面还比较薄弱。改革开放以来，观赏渔业有了长足的发展，福州一带有不少金鱼养殖户，此外，上海、杭州等观赏渔业也蒸蒸日上，北京通州区有11个乡镇养殖观赏鱼，金鱼养殖面积近7000亩，加上相连的朝阳区养殖面积达到了12000亩，形成我国最大的观赏鱼养殖区。

从近年来观赏鱼的出口情况看，由于观赏鱼的生产是典型的劳动密集型，国外劳动力的价格很高，观赏鱼中心不断东移，先是日本为中心，后是新加坡，现在正向中国转移。由于观赏鱼的非食用性特点，出口环境相对轻松，这为国内观赏鱼的出口创汇创造了很好的便利条件，未来中国观赏鱼的发展前景广阔。另外，随着国内居民收入水平的提高，对生活质量和生活品位的要求随之提高，观赏鱼和水族文化走进家庭已成为必然趋势。

但我们也应清醒地看到，由于受整体经济水平的限制，人们依然把观赏鱼养殖看作是一种副业，我国虽然是金鱼的故乡，但几十年来观赏鱼养殖技术、市场开拓、产业化发展多源于农民的摸索，缺少引导和扶持。我国大大小小的水产研究所有上百个，但没有一个观赏鱼研究所，在食用鱼养殖技术突飞猛进的今天，观赏鱼养殖技术含量低，产业不稳定。日本一条锦鲤可卖到3000元~4000元人民币，而我国的锦鲤在有些地区仅能当商品鱼论斤买卖。另外，我们养殖的金鱼出口合格率不到5%，其原因在于养殖池塘设计、金鱼品种和养殖技术不能满足出口要求。我国和国外观赏鱼养殖的最大差距在于品质和品牌，因此，我国的观赏鱼发展战略在于提高观赏鱼的品质，构建品牌。

第三节　观赏鱼的分类

观赏鱼的种类众多，且在不断地增加。随着人们欣赏水平的提高，观赏鱼的概念不断被赋予新的内涵，一些原本供人们食用的经济鱼类因其特有的观赏价值而成为观赏鱼的新宠，如金鳟、泥鳅等。而一些原本无任何经济价值甚至是人们养殖时的敌害鱼类，如鳑鲏、麦穗鱼等，成了新兴的观赏鱼。观赏鱼的分类大致有以下几种。

按对水温的要求可分为热带观赏鱼、冷水观赏鱼和温水观赏鱼。热带观赏鱼，指在热带地区生长、发育的观赏鱼类，包括热带海水鱼和热带淡水鱼。冷水观赏鱼，指对水温要求比较低的观赏鱼类，通常适宜在寒带地区生长、发育。温水观赏鱼，主要是指金鱼、锦鲤等在温带地区生长、发育的鱼类。

按对水体盐度的要求可分为海水观赏鱼、淡水观赏鱼和咸淡水观赏鱼。

海水观赏鱼包括一部分热带观赏鱼和冷水观赏鱼，主要分布于太平洋、印度洋中的珊瑚礁水域，其品种多，体形怪异，体表颜色鲜艳，花纹丰富，善于藏匿，具有古朴、神秘的自然美，产区有菲律宾、我国台湾和南海、日本、澳大利亚、夏威夷群岛、印度、红海、非洲东海岸等。由于海水鱼对饲养条件要求极高，过去家庭很少饲养，随着人们生活水平的提高、养殖设施的改进、养殖技术和方法的提高以及水处理新技术的应用，海水鱼逐步进入了家庭，成为家庭养殖的新宠。

常见的品种有皇后神仙、皇帝神仙、女王神仙、月眉蝶、月光蝶、人字蝶、海马、红小丑、蓝魔鬼等。

淡水观赏鱼主要包括红鲫鱼、中国金鱼、日本锦鲤等温水性观赏鱼及其他一些观赏鱼，它们生活在淡水水域里。目前，人们广泛养殖的是热带淡水鱼，主要来自于热带和亚热带地区的河流、湖泊中。它们分布地域极广，品种繁多，大小不一，体形特性各异，颜色五彩斑斓，非常美丽，较著名的有灯类品种（如红绿灯、头尾灯、蓝三角、红莲灯、黑莲灯等）、神仙鱼系列（如红七彩、蓝七彩、条纹蓝绿七彩、黑神仙、芝麻神仙、鸳鸯神仙、红眼钻石神仙等）和龙鱼系列（如银龙、红龙、金龙、黑龙鱼等）。其中，有些原本属于海水鱼或生活于入海口水域的鱼类，经过人们长期驯化以后，已经习惯于淡水生活，人们也将其视为淡水鱼。

咸淡水观赏鱼主要生活在江河入海口的咸淡水交汇处，目前已不再将它们单独划分，因为许多品种经过人工驯养后可以在纯淡水中饲养或在纯海水中饲养。

按人们对其认知程度可分为常见观赏鱼和野生观赏鱼，按其价值可分为普通观赏鱼和名贵观赏鱼。一般情况下，人们将其划分为金鱼、锦鲤、龙鱼、热带鱼、海水鱼、冷水鱼、古代鱼、其他野生观赏鱼几大类。

第二章 常见观赏鱼的种类

第一节 金 鱼

金鱼属鲤形目、鲤科，小型鱼类，最大体长可达 15 厘米。金鱼由野生鲫鱼培育而成，其形态与野生鲫鱼有很大的差异，素有“水中牡丹”“金鳞仙子”的美称，是观赏鱼市场中最常见、最受欢迎的观赏鱼类。在亚洲，特别是东南亚国家，金鱼被视为能带来好运的“富贵鱼”，深受人们的喜爱。我国著名的金鱼专家陈桢教授曾按欣赏要求，对金鱼变异加以研究分析，从体形、鳍（背、尾鳍）、头、眼球、鳃盖、鼻膜、鳞片、体色等八个方面的变异进行归类。傅毅远和伍惠生在此基础上，将金鱼分为 5 大类（金鲫种、文种、蛋种、龙种和龙蛋种）29 型。

一、金鱼的形态特征

（一）体形

金鱼体形细长侧扁，与野生鲫鱼相似，草金鱼的体形即属于此类型。其他类型的金鱼，体形变化很大，因品种而异。总的说来，金鱼体形的变化主要在躯干，多呈椭圆形或纺锤形，有的腹部特别膨大而肥圆，甚至呈球形，尾柄往往细小且短，如蛋种类型的虎头，龙种类型的五花龙睛、绒球龙睛，文种类型的珍珠鱼等。

（二）体色

金鱼体色变异很大，家族中，其色彩之艳丽，可以说是五彩缤纷，有红、黄、白、黑、蓝、紫、橙色，还有几种颜色组成的色彩，称之为五花金鱼。有的金鱼体色为红白、黑白、红黑、红黄等色构成的斑点或斑块，这些颜色的形成与其生长环境和所食饵料的成分有关，在不同的环境与饲养、管理条件下，其鳞片中所含黑色素细胞、黄色素细胞、红色素细胞和光彩细胞有数量上的变化，从而影响金鱼的体色。金鱼鲜艳多变的体色，是几种色素细胞重新组合分布及强度、密度的变化，或消失了其中一种或两种成分而形成的。例如，黑色金鱼的黑色素和黄色素细胞较多，紫色金鱼黄色素细胞多而黑色素细胞少，紫蓝色金鱼则无黑色素细胞，而黄色素细胞和淡蓝色反光质发达，大红色、橙红色金鱼缺少黑色素细胞，蓝色金鱼缺少黄色素细胞，白色金鱼的黑、黄、红色素细胞全部消失，杂斑和五花金鱼由这三种色素按照不同数量、比例形成各种花的图案。

金鱼各鳍的颜色与体色基本一致，也有些鱼的尾鳍与体色是不同的，如朱鳍白望天，也有些红色金鱼的尾鳍有白色或黑色镶边的，也有斑点形状图案的，其色彩相配得非常协调美丽，特别是尾鳍有白色或黑色镶边的金鱼。从典型品种特征来说，被视为不合格的品种，但颇受人们喜爱。故挑选鱼苗时不一定要作为不合格品种剔除。

（三）头形

金鱼的头部大致分为平头型、鹅头型和狮子头型三种，其头部长度与身体长度比例差异较大。平头型的金鱼，头部较小，头顶部平滑，无肉瘤，略呈三角形，头部长度与身体全长比约为 1 ∶ 5，常见于草种金鱼。鹅头型的金鱼头部较大，略呈长方形，长有肉瘤，但肉瘤只长在头的顶部，不超过眼下，又称帽子。狮子头型的金鱼，头部大而圆，头顶部的肉瘤特别发达，头顶部和两侧颌的表皮上长着肉瘤，形似草莓。头部长度与身体全长比约为 1 ∶ 3，常见于文种金鱼中有背鳍者。

（四）眼睛

金鱼的眼变异很大，分为正常眼、龙睛、朝天眼和水泡眼。眼部形态没有变异，与野生鲫鱼的眼睛一样大小者称为正常眼，如草金鱼、文种金鱼。龙睛眼球特别膨大，凸出于眼眶之外，视觉的方向与正常眼相似，是直向侧方，因其眼形似中国古代传说中龙的眼睛而得龙眼的美称。朝天眼与龙眼相似，都比正常眼大，眼球部分凸出于眼眶之外，所不同的是朝天眼的瞳孔向上翻转 90°，两眼朝向天空。还有一种在朝天眼的外侧带有一个半透明的大小泡，称为朝天泡眼。水泡眼的眼眶与龙眼一样大，眼球正常，两侧眼球下方各长出一大水泡，内有半透明液体，呈水泡状，称为水泡眼。还有一种与水泡眼相似，只是眼眶中半透明的水泡较小，在眼眶部形成一个小凸起，从表面看很像蛙的头形，称为蛙头，也有人称之为蛤蟆头。

（五）鳍形

金鱼各鳍的形状除草金鱼外，其他品种变异较大，如由单鳍变为双鳍，短鳍变为长鳍等，主要表现在背鳍、臀鳍和尾鳍的变异上，现分述如下。

金鱼的背鳍位于背部中央，分正常背鳍和无背鳍两种类型，也有的背鳍是残缺不齐的，多被认为是畸形而被淘汰。正常背鳍的金鱼，鳍的前缘部分较鲫鱼和草金鱼伸长很多，背鳍显得较高，且背鳍较宽大，一般为文种金鱼、部分龙睛、高头等。无背鳍的金鱼一般称蛋种金鱼。蛋种金鱼的背部圆滑，虽无背鳍，但其身短，略呈蛋形，尾鳍分成左右相等的两叶，同样能保持身体的平衡。

胸鳍、胸位、紧挨在鳃孔的后面，其鳍条数因品种不同而有差别，以草金鱼为最多，蛋种鱼最少，其形状也因品种而异。蛋种金鱼的胸鳍稍短而圆，草金鱼、文种金鱼、龙睛的胸鳍多呈三角形，长而尖，一般是雄鱼的胸鳍比雌鱼要长一些，且稍尖。

腹鳍多在腹的底部，其长短因品种不同而有差异。臀鳍位于肛门之后，最后 1 根不分支，鳍条为锯齿状的硬刺。金鱼的臀鳍有单双之分，除少数品种（草金鱼）为单臀鳍外，大多数品种为双臀鳍，被认为是金鱼品种特征的优良性状。

金鱼尾鳍变异最大，尾鳍的外形是否对称、优美是鉴赏的一个重要特征。根据尾鳍的长短分为短尾和长尾，根据尾鳍的数量分为单尾鳍和双尾鳍。草金鱼属单尾鳍，双尾鳍中两背叶相连、两腹叶分离的称“三尾”，两背叶部分分离或完全分离以及两腹叶也分离的称“四尾”。此外， 尾叶舒展者称之为伸展尾，尾叶向下垂者称为垂尾，尾叶左右伸展者称为蝶尾，尾叶长呈扇形者称为扇尾，还有孔雀尾、凤尾等。按照金鱼各叶片的长短及形状的不同，分为长尾、短尾、燕尾、蝶尾、扇尾、孔雀尾和翻转尾。

（六）鳞片

金鱼的鳞是圆鳞，鳞片具有一定硬度，且相互叠生。金鱼的鳞片有正常鳞、珍珠鳞、透明鳞和半透明鳞 4 种。正常鳞片外观没有改变，但具有反光组织和色素细胞，因而具有各种颜色。珍珠鳞是鳞片的变异型，鳞片的中央部分向外凸起，通常为白色，且中间色浅，周围色深，较正常鳞片硬而厚实，似颗颗珍珠镶在鳞片上。透明鳞不含色素细胞和反光体，鳞片呈透明状，看上去像一片透光的塑料片。半透明鳞是指鳞片以透明鳞为主，夹杂少量具反光体的正常鳞片。

二、常见金鱼的品种及其特征

（一）草种鱼

草种鱼又称为金鲫种，体形近似鲫鱼，是金鱼中最古老的一种。身体侧扁，呈纺锤形，具背鳍，胸鳍呈三角形，长而尖，尾鳍叉形，单叶，头扁尖，眼睛小。主要品种及特征如下。

（1）金鲫

尾鳍较短，单叶，呈凹尾形。全身均为橙红色，是最古老的金鱼品种。

图 1 金鲫

（2）草金鱼

草金鱼俗称金鲫鱼或红鲫鱼，起源于金鲫，其体形特征与普通鲫

图 2 草金鱼

鱼非常相似，狭长而侧扁，呈纺锤形，头部扁尖，眼较小，具背鳍、胸鳍，呈三角形，尾鳍呈叉形，单叶，有长尾和短尾之分，短尾者一般称为草金鱼，长尾者称为长尾草金鱼或燕尾（国外有些品种的尾鳍和家燕的尾羽极为相似，因此得名），英、美等地称“彗星”。长尾草金鱼各鳍修长，似迎风飘带一般，游姿非常优美，适宜侧面欣赏。草金鱼体色除红色外，还有银白色、红白花、五花等。长尾草金鱼除红白及红白相间的花色外，还有玻璃花和五花等。

（二）文种

文种金鱼由草金鱼经过家化驯养和不断选种改良后演变而来，其主要特征是：体形短而圆，头平而狭窄，嘴尖，眼小而平直，不凸于眼眶外，鳞片圆形，背鳍长，臀鳍成双，大尾，尾鳍叉多，四叶以上，俯视鱼体犹如“文”字，故得名“文种”。其体色多为红、红黑、红白、紫、蓝黄、五色杂斑等，高头（北方称“帽子”）和珍珠是其代表品种。高头体短而圆，头宽，头顶上生长着草莓状肉瘤，从其肉瘤的生长部位和发达程度可分为鹅头型高头和狮头型高头两种类型，前者的肉瘤仅限于头顶范围，后者的肉瘤延伸到两颊。依其主要品种的形态特征分为多种，珍珠鱼又称为珍珠鳞，鳞粒粒如珠，故得名。珍珠鱼有球型、橄榄型两类，还有大尾和短尾之区别。文种金鱼品种繁多（有 50 余个品种），主要品种及特征如下。

（1）和金

和金由草金鱼演化而来，体形及头型近似鲫鱼，身体短圆，三角形头部，背、胸、腹、臀鳍变异不明显，与鲤鱼的鳍相近，但尾鳍变化为三或四叶。其体色有全红、全白、红白相间或鲫鱼色。

图 3 和金

（2）琉金

琉金头后部明显向上弓曲，头尖，腹部肥大，身体略呈三角形，浑身金色的鳞片。尾有樱花尾、四尾、三尾之分，左右比较对称。体色以红白相间、分布均匀者为上品。琉金与“留金”（留住黄金）谐音，故得名，加之其较易饲养，是国人非常喜爱的品种之一。琉金的主要品种有：红琉金、白琉金、红白花琉金、五花琉金、紫琉金、黑红花琉金、十二红琉金、十二黑琉金、黑红白花琉金、短尾白琉金、短尾红白琉金、短尾五花琉金、短尾紫琉金、短尾十二红琉金、短尾十二黑琉金等。

图 4 短尾红白琉金

（3）狮头

狮头鱼体粗且短，头宽，头上有肉瘤，遮盖整个头部，有的甚至连眼睛也凹陷于肉瘤中。具背鳍，尾大双开，体色有红、白、黑、红白、紫、蓝、五花等，以红色居多，生命力强，发育快。

图 5 白狮头

（4）红顶白高头（鹤顶红）

红顶白高头是有名的金鱼品种之一，全身呈银白色，头顶部生有鲜红色的肉瘤，似仙鹤顶冠。各鳍发达，拖着长长宽宽的尾鳍，游动时似仙鹤起舞，非常雅致。在金鱼爱好者心目中，此鱼象征着幸福、福寿双全，深受人们喜爱。以肉瘤方正和厚实者为名贵鱼。

图 6 红顶白高头

（5）文种绒球

文种绒球身体较长，正常眼，鼻孔褶过分发育，形成绒球状，一般为左右两只绒球。

（6）土佐金

土佐金原产于日本土佐县。头尖，腹圆，体形略似琉金，但尾鳍硕大，下面两片尾叶的两端向前翻转，游动时虽笨重，但静止时非常美丽，

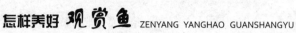

似水中盛开的花朵。土佐金、地金、南金三种金鱼被日本指定为天然纪念物而受珍视。本品种金鱼适宜从背部由上向下观赏。

图 7 土佐金

（7）珍珠鳞

珍珠鳞是闻名的金鱼品种之一，它不以色相、形态取胜，主要因身上具有珍珠般的鳞片而闻名。其身体上的鳞片粒粒如珠，似全身镶嵌着银色珍珠，十分奇特炫目。珍珠鳞的鳞片含有较多钙质，比普通的鳞片硬。珍珠鳞呈半球形，鱼体两头尖，腹部圆，呈圆梭形，有球形珍珠鳞之称。珍珠鳞的金鱼有阔尾和短小尾，也有头部长有肉瘤的品种，属腹部圆大、头部尖小的鱼种。

（8）文种望天眼金鱼

文种望天眼金鱼又名朝天眼、顶天眼，眼球凸出并向上翻转，瞳孔朝天。初生的幼鱼眼球是正常的，孵化后 3 ~ 4 个月眼球开始向上翻转至 90° 。标准的望天眼是：两眼朝天，眼球大而端正，身体圆浑，各鳍端正，尾鳍宽大。望天眼金鱼双眼朝天，视线只限于上方，所以它的觅食能力较弱，靠嗅觉、味觉帮助才能找到食物。由于望天眼金鱼的眼睛朝上，欣赏时从上向下观赏效果较

图 8 望天眼

佳，侧视效果不差。

（9）文种水泡眼金鱼

文种水泡眼金鱼的眼球下方长有一个半透明的水泡，泡内充满液体，故名水泡眼。水泡眼有两种，一种是小泡或硬泡，即从眼眶中凸出的泡不大，而且头很宽，略呈三角形，这种鱼有蛤蟆头之称。另一种是大泡或软泡，此泡发达，把眼球挤得半朝上，泡膜大而薄，游动时似如两只大灯笼，左右颤动，姿态动人。标准的水泡眼金鱼，首先要泡大，水泡要匀称，鳍大，身体重心要平衡。

图 9 水泡眼

（10）文种戏泡

金鱼“戏泡”，又称为“颏泡”，下颏部生出一对泡体，吊在下颏处，泡体有小有大，小的精巧秀丽，大的丰满富态，最大的直径可达 35 毫米左右。泡体柔软，鱼游水中，泡体不紧不慢地前后摆动，恰似一对撞铃，一分一合地左右转动。赏鱼者在幽静的环境之中观之，会有“鱼若空行无所依，相戏无声胜有声”之感。

（三）龙种

龙种金鱼是金鱼的代表品种，它因有一双特大的眼睛而闻名。主要特征是：体形粗短，头平而宽，外形与文种相似。不同处是：其眼球膨大，凸出于眼眶外，眼球形状各异，有圆球形、梨形、圆筒形及葡萄形，似龙眼，故名龙睛。鳞圆而大，臀鳍、尾鳍发达，成双叶，胸鳍呈三角形，背鳍高耸。

龙种金鱼有 50 多个品种，较名贵的品种有五彩龙睛、算盘珠墨龙睛、龙睛带球、玛瑙眼龙睛、高头龙睛、珍珠龙睛、扯旗朝天龙水泡、红蝶尾、墨蝶尾、五彩大蝶尾等，尤以算盘珠墨龙睛、五彩大蝶尾、玛瑙眼龙睛、扯旗朝天龙水泡最名贵，是龙种金鱼中的特优品。其主要品种及特征如下。

（1）红龙睛

红龙睛又称红龙、红牡丹、大红袍、一品红。其具有龙种鱼的特征，通体红色，故名，是龙种鱼的代表，也是龙睛中最普通的品种。

图 10 红龙睛

（2）墨龙睛

墨龙睛具有龙种鱼的特征，尾鳍发达，通体乌黑，给人严肃、庄重之感，故颇受人们欢迎，有“黑牡丹”“混江龙”之美誉。好的品种乌黑闪光，像黑绒墨缎。每尾鱼褪色的进度快慢不一，若能始终不变，生长至尺余仍浓黑如墨者属珍品。有的个体经过 2 ~ 3 年的饲养后会自然地褪色成为红龙睛，这就不是佳品。

图 11 墨龙睛

（3）紫龙睛

紫龙睛由龙睛鱼体内黄色素细胞增多、黑色素细胞减少变异而来，也是较为珍贵的品种。其通体紫色（实为紫铜色），饲养得好的还兼有紫铜色金属光泽，鲜亮夺目。如饲养不当，极易褪色为红龙睛，有的甚至会呈白紫色病态。

图 12 紫龙睛

（4）蓝龙睛

蓝龙睛由龙睛鱼体内黄色素细胞消失形成，有浅蓝、深蓝色之分，游动时，鳞片闪闪发光，姿态恬静、素雅，颇受人们喜爱。

（5）五花龙睛

五花龙睛是由透明鳞鱼与各色龙睛鱼杂交育成的品种，大部分为透明鳞片，小部分为正常鳞。头部、躯体的色彩由红、黑、黄、白、蓝 5 种色彩组成，只是有的以蓝色为底色，镶嵌有红、白、黄、黑的斑点，有的以红色为底色，镶嵌有蓝、黄、白、黑的斑点，光灿夺目。基色为此色的品种更为珍贵。

图 13 五花龙睛

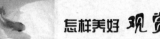

（6）蝶尾

蝶尾具有龙种鱼的特征，唯独尾似蝴蝶，故名蝶尾，是近几年来颇受青睐的珍贵品种。品种有墨蝶尾、五花蝶尾、红蝶尾、玛瑙眼蝶尾等。

图 14 墨蝶尾

（7）龙睛球

龙睛球带有较大的绒球，名贵品种有墨龙睛球、紫龙睛球、虎头龙睛球、红龙睛球等。红龙睛球是红龙睛的变异种，头部正常，主要特征是鼻膜变异呈绒球状，凸出于界外，如头顶前生有两个绒球，其姿态优美可爱，绒球的颜色与体色一致，均为红色。墨龙睛球是墨龙睛的变异种，体色为黑色，其他特征同红龙睛球。

图 15 红龙睛球

（8）朱球墨龙睛

朱球墨龙睛全身乌黑，头前顶着两个鲜艳的红球，显得雍容华贵，是龙睛球中最名贵的品种。

（9）朱球白龙睛

朱球白龙睛全身洁白，鼻孔处生出两个鲜红色的滚圆绒球，姿容艳丽，既鲜艳又清新素雅。当其在清澈透明的水族箱中游动时，绒球轻摇，鳍尾摆动，银白与艳红色两相辉映，极为美妙，是龙睛鱼中特别俏丽、优雅的一个品种，亦是龙睛鱼中较难培养的品种。

图 16 朱球墨龙睛

（10）望天鱼

望天鱼是龙睛鱼的变异品种。眼球向上转 90°，瞳孔朝上，背鳍消失，眼圈晶亮。根据其体色分为红望天、蓝望天、红白花望天、朱鳍白望天等。

红望天又称红朝天眼、红望天龙，由龙睛鱼的眼球向上翻转 90°，瞳孔朝上，背鳍消失变异成的品种。其眼球周围有金色眼圈环绕，晶亮无比。观鱼时，有先见其光、后见其鱼之妙，加之眼睛朝上，有仰望天子的寓意，是清朝宫廷中最受宠爱的品种之一。

图 17 望天鱼

朱鳍白望天体色洁白如玉，且闪光，吻、眼球和各鳍均为红色，红白相映，十分美丽，可与十二红龙睛争艳，此品种较难见到。

（11）墨龙睛帽子

墨龙睛帽子，又称墨龙睛高头、墨鼓眼帽。其全身乌黑，眼球膨大，凸出于眼眶之外，两眼之间的头顶部长有草莓状肉瘤。以肉瘤厚实发达、位置端正者为上品。

（12）墨红花龙睛帽子

墨红花龙睛帽子为墨龙睛的变异种。体色黑红相映，外貌端庄华贵，既鲜丽又艳雅，颇受人们喜爱。港澳特区称其为铁包金，是市场上的畅销品种。

（13）朱砂眼龙睛黄帽子

朱砂眼龙睛黄帽子，又称朱砂眼龙睛黄高头，其特征与墨龙睛帽子基本相同，唯独头顶部草莓状的肉瘤呈黄色，眼呈朱红，红、白、黄3色搭配得非常醒目，淡雅艳阳，游动时尾鳍轻飘柔媚，妙趣横生，确为珍品。

（14）红头龙睛帽子

红头龙睛帽子系20世纪60年代培育成的新品种，是红头龙睛的变异种。其体色洁白如玉，荧光闪闪，两眼之间的头顶部有朱红色的肉瘤，非常鲜艳，红白相映，使鱼体显得更为娇嫩艳丽，引人喜爱，属珍贵品种之一。

图18 红头龙睛帽子

（15）红龙睛狮子头

红龙睛狮子头是红龙睛的变异种。头部的肉瘤特别发达，肉瘤除长在头顶部之外，还向两侧延伸，包及颊、额及鳃盖，致使口、眼也被肉瘤包围，口、眼显得有些凹陷，甚似猛狮，威武雄壮，故称为红龙睛狮子头，是极难得的珍品。

（16）墨龙睛狮子头

墨龙睛狮子头是墨龙睛的变异种。其特征与红龙睛狮子头相同，全身乌黑似缎，稳重，似雄狮，也是非常名贵的品种。

（四）蛋种

蛋种与文种相似，体形短而圆，因形似鸭蛋而得名。其最大特点是臀鳍、尾鳍呈双，尾鳍有长尾和短尾两种类型，短尾者称“蛋”，长尾者称“丹凤”，其余各鳍短小。高品质的蛋种金鱼背部圆滑，呈弧形，最高点在背脊的中央。蛋种金鱼有 60 多个品种，主要品种及特征如下。

（1）丹凤

无背鳍，体形短，圆似鸭蛋。尾鳍为长尾，其他各鳍短小。

（2）蛋种水泡眼

蛋种水泡眼是我国独特的金鱼之一，没有背鳍，体呈蛋形，眼球下各长有 1 个水泡，游动时，水泡会左右颤动，好像要破裂似的，十分有趣。

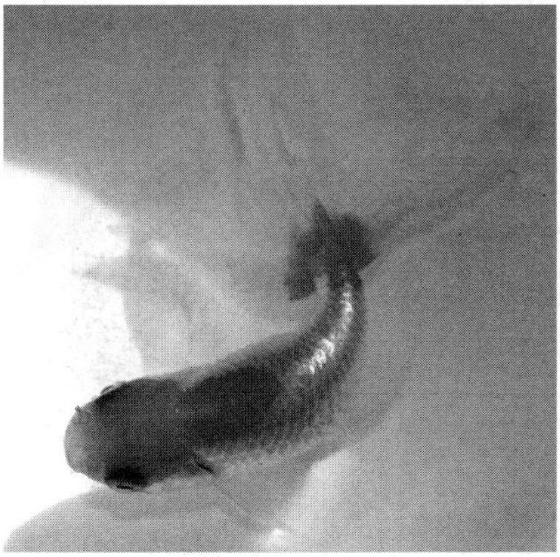

图 19 丹凤

图 20 花水泡

（3）蛋种绒球

正常眼，身体较长，鼻孔褶过分发育，形成绒球状，一般为左右各 1 只绒球，游动时，绒球上下飞舞。更有甚者，过大的绒球被鱼自己的口吸进，随着一呼一吸，绒球一进一出，非常有趣。

图 21 五花蛋绒球

图 22 红望天

（4）蛋种望天眼

望天眼金鱼的眼球像龙睛般凸出，但翻转向上，俯视时可明显看到它的眼睛。初生的望天眼的眼球是正常的，孵化后 1 ~ 2 个月眼球开始变化，眼轴向上翻转 90°，有些眼球向前或向侧翻转，不过最好的是向上。朝天眼是我国独特的金鱼之一，选择时，挑选眼球圆大端正，双目直线朝天，身躯浑圆，尾鳍阔大端正的。朝天眼适宜饲养在水池或瓦盆中，或是开放式的水族箱中，俯视观赏很有乐趣。

（5）虎头

虎头头部大、尾鳍细小，腹部肥短，呈皮球状，无背鳍，头上长有丰满的肉瘤，这种金鱼被人们称为“寿星”。

图 23 黑虎头

（6）兰寿

图 24 红兰寿

兰寿是日本从中国引进的虎头，经长期的改良选育，成为具有特色的名贵品种。其体形短圆似蛋，头部宽且肉瘤发达，体背宽圆，至尾柄处曲线突然下降，尾和体轴略呈 45°，各鳍短小，尾鳍有三叶、四叶等形态。从背部欣赏，有雍容华贵之美，价格昂贵。

（7）蛋种珍珠鳞

因其身上具有珍珠般鳞片而闻名。其身体上的鳞片粒粒如珠，似全身镶嵌着银色珍珠，十分奇特炫目。鱼体两头尖，腹部圆，呈圆梭形，又有球形珍珠鳞之称。蛋种珍珠鳞十分稀有，不是一个稳定的品种。

（8）高头

最早时红顶白蛋高头金鱼只是头顶上有一块红印，并没有像帽子般的肉瘤。红顶白蛋高头金鱼头顶上的红色肉瘤要方正且厚实，而且只能长在头顶，并不伸向两颊，身躯宽短，呈银白色，而且没有红色斑块，金鱼爱好者称之为“鹅头红”。在此应说明一点，许多朋友将红顶白虎头与“鹅头红”相混淆，它们之间的区分方法是：前者有发达的两颊，属虎头类；后者红头只限于头顶，并不伸向两颊，属高头类。

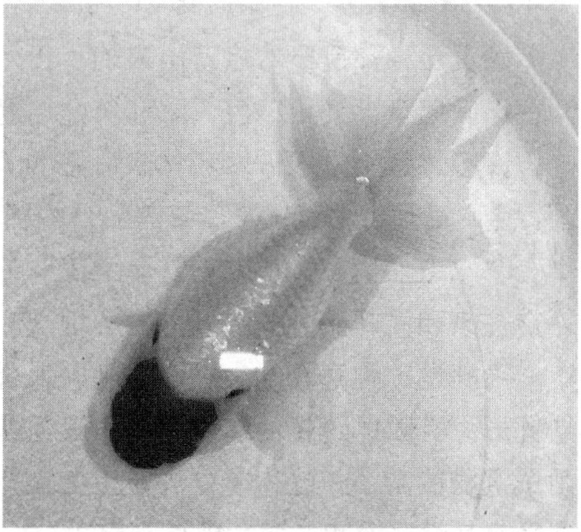

图 25　红顶白蛋高头

（五）龙蛋种

龙蛋种体形较短且粗大，无背鳍，四开大尾鳍。头型较平而宽，两眼球凸出于眼眶外，其形神似龙的眼睛，具有龙种和蛋种的双重特点，是龙种蛋化的金鱼品种。

图 26　五彩龙蛋球

第二节 锦 鲤

锦鲤属鲤科，是鲤鱼的变异杂交品种，由养殖环境变化引起体色突变。锦鲤源于中国鲤鱼，至今有 1000 多年的养殖历史，主要划分为 13 个大类品系，有 100 多种。近代传入日本，并在日本发扬光大，许多优良品种都是日本培育出来的。日本明治年间培育出黄斑锦鲤，大正年间培育出大正三色，昭和年间培育出昭和三色等名贵品种，因此，许多锦鲤都是用日本名称来命名的。通过杂交的方式培育出了德国黄金、德国红白、秋翠等革鲤品系的锦鲤。锦鲤被称为日本的国鱼，享有“水中活宝石”和“观赏鱼之王”的美誉，被作为亲善使者随着外交往来和民间交流扩展到世界各地。

锦鲤是一种高贵的大型观赏鱼，其体长可达 1 米 ~ 1.5 米，体似纺锤形。其以缤纷艳丽的色彩、千变万化的花纹、健美有力的体形、活泼沉稳的游姿，赢得了“观赏鱼之王”的美称，备受观赏鱼爱好者喜爱。其性格温和，寿命极长，能活 60 ~ 70 年。

一、锦鲤的形态特征与分类

锦鲤是鲤鱼的变种，其外部形态与鲤鱼基本相似，身体呈纺锤形，分头部、躯干部和尾部三部分。头部前端有口，口缘无齿，但有发达的咽喉齿，中部两侧有眼，眼前上方有鼻，眼的后下方两侧有鳃。鱼鳍分为胸鳍、腹鳍、背鳍、臀鳍和尾鳍，是锦鲤的运动器官。

锦鲤的皮色非常具有观赏性，锦鲤各种各样的色调是由埋藏在表皮下面的组织之间及鳞片下面的色素细胞收缩与扩散的结果，该种细胞含有 4 种色素，即黑色素、黄色素、红色素和白色素。

根据鳞片的差异，锦鲤可分为两大类：普通鳞片型和无鳞或少鳞型。无鳞或少鳞型的锦鲤称为德国系锦鲤，是从德国引进的无鳞的革鲤和少鳞的锦鲤与日本锦鲤杂交培育出的品种。根据斑纹的颜色分为三大类：单色类，如黄金等；双色类，如红白、写鲤等；三色类，如大正三色、昭和三色等。根据日本锦鲤综合品评会的分类，锦鲤分为

13个品系，根据锦鲤体表色彩和斑纹的不同，每个品系又分为许多品种。

二、常见锦鲤的品种及其特征

（一）红白锦鲤

白底上有红色花纹者称为红白锦鲤。红白锦鲤是锦鲤的代表品种，被认为是最正宗的日本锦鲤，与大正三色和昭和三色一同被称为“御三家”。红白锦鲤体表底色银白如雪，不可带黄色或饴黄色，上面镶嵌有变幻多端的红色斑纹。皮肤鳞片细滑，红色斑纹油润鲜艳，红色愈浓愈好，但必须是格调高雅、明朗的红色。红斑边际要清晰分明，但靠近头部部分会模糊不清，这是由于鳞片覆盖着下层色彩的结果，称为“插彩”。本类型分为20多种，如二段红白、三段红白、四段红白、闪电纹红白、一条红红白、口红红白、覆面红白、掩鼻红白、富士红白、拿破仑红白、御殿樱红白、德国红白等。

图27 红白锦鲤

（1）二段红白

在洁白的锦鲤体上有两段绯红色的斑纹，宛如红色的晚霞，鲜艳夺目。躯干部的红斑要左右对称才算佳品。

（2）三段红白

在洁白的鱼体背部生有三段红色的斑纹，非常醒目。

（3）四段红白

在白色的鱼体上散布着四块鲜艳的红斑。

（4）御殿樱红白

小粒红斑聚集成葡萄状的花纹，均匀地分布在鱼体背部两侧。

（5）富士红白

头上有银白色的粒状斑点，就像是富士山顶的积雪，但此斑点一般只出现在1年龄或2年龄的鱼体上。

（6）闪电纹红白

从头至尾有连续、弯曲的红斑。

（二）大正三色锦鲤

大正三色锦鲤产生于1915年日本大正时代，其主要特点是，在鱼体的纯白底色上有红色和黑色斑纹。这种鱼最好的是黑色部分如墨一样黑，背侧有大的绯红色斑纹和黑色斑纹，两者和谐地排列。所有的颜色必须显现在背部上方才算正品。常见种类有口红三色、赤三色、富士三色、德国三色。另外，衣三色归类于衣锦鲤，鹿子三色和三色秋翠归类于变种鲤，大和锦归类于花纹皮光鲤，金银鳞三色归类于金银鳞，丹顶三色归类于丹顶类。

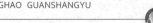

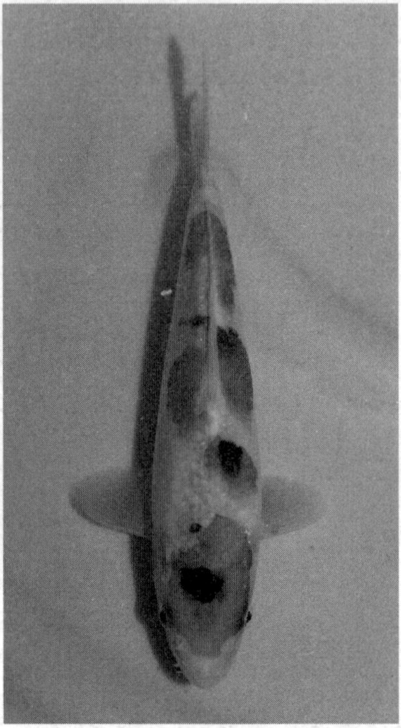

图28 大正三色

（1）口红三色

吻上有小红斑的大正三色，鱼的嘴唇上生有圆形的鲜艳小红斑，极为俊俏。

（2）赤三色

从头至尾有连续红斑纹的大正三色锦鲤，视觉上给人一种强烈的感觉，但品位不高。

（3）富士三色锦鲤

在鱼体雪白的底色上，除有红、黑两种斑纹以外，头部有银白色的粒状斑纹。

（4）德国三色

德国鲤的大正三色称之为德国三色。

（三）昭和三色锦鲤

昭和三色锦鲤是日本昭和二年（1927年）由星野重吉氏用黄写锦鲤与红白锦鲤杂交培育出的新品种。其主要特点是，鱼体的黑底色上有红、白花纹点缀，胸鳍基部有圆形黑斑，又称元黑。斑纹应有的条件：头部必须有大型红斑，红质均匀，边缘清晰，色浓者为佳。白的要求纯白，头部、尾部有白斑者品位较高。墨斑以头上有面额者为佳，躯干上墨纹必须为闪电形或三角形，粗大而卷至腹部。胸鳍应有元黑，不应全白、全黑或有红斑。昭和三色锦鲤具有较高的观赏价值，是锦鲤的代表品种。昭和三色锦鲤的种类主要有以下几种。

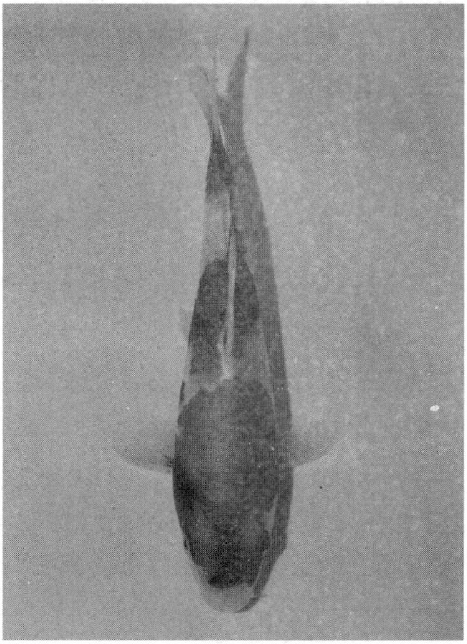

图29 昭和三色

（1）淡黑昭和锦鲤

鱼体黑斑上鱼鳞一片片呈淡黑色，淡雅优美，别具风采。

（2）绯昭和锦鲤

头部至尾柄有大面积红色花纹，红、黑相间，持重而艳丽。

（3）近代昭和锦鲤

鱼体由黑、红、白三色组成，但白色斑纹居多，黑纹犹如墨点白宣，具有大正三色锦鲤的鲜明色彩，显得清晰而庄重。

（四）黄金鲤

全身为金黄色的鲤鱼称黄金鲤。黄金鲤常用于与各品种锦鲤交配产生豪华的皮光鲤，成为改良锦鲤的主要角色。头部必须光亮清爽，不能有阴影；鳞片的外缘必须呈明亮的金黄色；胸鳍也必须明亮。无论季节、水温变化，始终光泽明亮者为上品。常见黄金鲤的种类有灰

黄金、白黄金、银松叶、德国黄金和德国白金等。

图 30 黄金鲤

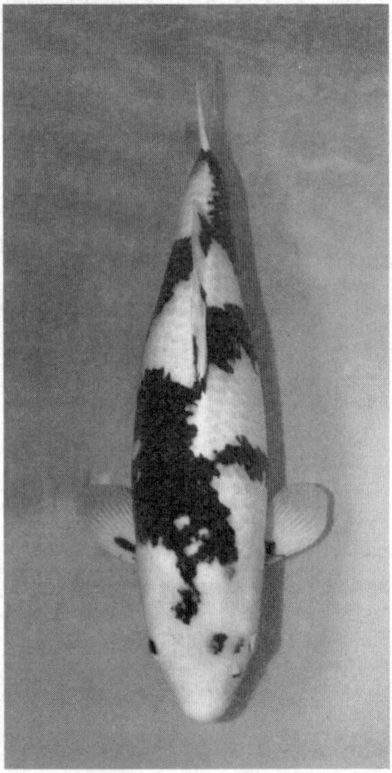

图 31 写鲤

（五）写鲤

该类品种在白色、红色、黄色的底色上有大块的墨斑，如大块的墨色写画在上面，故称为“写鲤”。黑底上有三角形白斑纹的称为“白写”；黑底上有三角形黄色斑纹的称为“黄写”；黄写的黄色接近橙赤色者称为“绯写”。

（六）丹顶

头顶有圆形红斑，而全身无红斑者称为丹顶。有口红线或头部红斑延伸至肩部者，均不能称为丹顶。常见丹顶的种类有丹顶红白、丹顶三色、丹顶五色、丹顶昭和等。

（1）丹顶红白

全身雪白，只有头顶有圆形红斑者称为“丹顶红白”。红斑呈圆形，且愈大愈好，但以不染到眼边或背部为宜。红斑要浓厚，边缘清晰，白质要纯白，不得有口红。红斑有不同的形状，除圆形外，还有呈梅花形的“梅花丹顶”，呈心形的“心形丹顶”等。

（2）丹顶三色

丹顶三色只有头部有圆形红斑，而身体如白别光。

（3）丹顶昭和

丹顶昭和即昭和三色，只在头部有一块红斑。

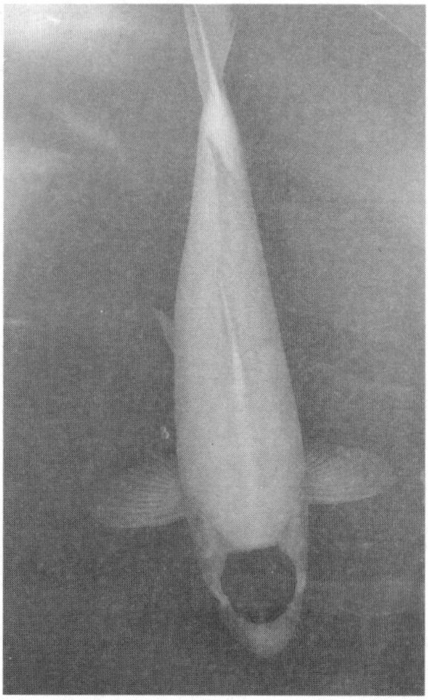

图 32 丹 顶

第三节 热带观赏鱼

热带鱼是指生活在热带水域、近热带以及与之交界处的温带水域，具有观赏价值的鱼类。主要分布于东南亚、中美洲、南美洲和非洲等地，其中，以南美洲的亚马孙河水系出产的品种最多，形态最美。此外，东南亚的马来西亚、印度尼西亚、斯里兰卡、泰国、缅甸也有许多漂亮的热带鱼。我国出产的热带鱼主要分布在广东、云南、福建、台湾等省。热带鱼一般是野生种，少数为人工培育品种。热带鱼以其形态多姿、色彩鲜艳、习性怪异和外表奇特赢得了广大爱好者的青睐。

热带鱼的种类繁多，目前，世界各地作为观赏饲养的热带鱼近2000 种。热带鱼之所以有如此多的品种，是因为其个体一般较小，繁殖快，一年可繁殖几次，在不断繁殖的过程中，反复遗传变异，优选劣汰，不断产生新体色、新品种，使其多姿多彩的特点更加突出。目前，能在水族箱中饲养的淡水热带观赏鱼有数百种，主要分属于7个科，即鳉科、鲤科、脂鲤科、鲶科、攀鲈科、慈鲷科以及古代鱼科。

一、热带鱼的形态特征与分类

（一）形态特征

（1）一般个体较小，生命周期较短，性成熟早，繁殖快，一年中可多次繁殖，这有利于品种的多样。

（2）热带鱼的体形、花色、个性和泳姿丰富多彩，随品种的不同各异。

（二）分类

热带鱼分为淡水热带鱼、海水热带鱼、人工选育热带鱼三种。

（1）淡水热带鱼

淡水热带鱼生活在热带、亚热带的江河、溪流、湖沼等淡水水域中，主要分布在东南亚的泰国、马来西亚、印度、斯里兰卡等地及南美洲的亚马孙河流域和非洲马拉维湖、维多利亚湖和坦干伊克湖等地。其中，以南美洲的亚马孙河水系出产的种类最多，形态最美，如被誉为热带鱼中的皇后——神仙鱼。在我国的广东、云南等省的南部也有很漂亮的观赏鱼类，如西双版纳的蓝星鱼等。

（2）海水热带鱼

海水热带鱼主要分布于印度洋、太平洋中的珊瑚礁水域，品种很多，体形怪异，体表色彩丰富，极富变化，善于藏匿，极具神秘的自然美感。

（3）人工选育热带鱼

并不是所有的热带鱼都存在于天然水域，部分热带鱼经人工杂交和在人工水体中定向培育，可获得新的品种。例如，人工育种的七彩神仙、血红鹦鹉、罗汉鱼等。

二、常见淡水热带观赏鱼的品种及其特征

（一）鳉科

鳉科热带观赏鱼主要分布在南美洲及北美洲南部，这类鱼大多色

彩鲜艳，五彩缤纷。此科鱼绝大多数是卵胎生。所谓卵胎生，指的是卵子在体内受精，而受精卵胚胎发育的营养物质依靠本身的卵黄供给，不像胎生动物那样通过胎盘由母体供给营养，受精卵在母体内发育成仔鱼后，仔鱼直接由母体产出。雌鱼的臀鳍呈扇形，雄鱼的臀鳍特化为交接器，因种类不同，略有差异。

（1）孔雀鱼

孔雀鱼又称百万鱼、彩虹鱼、库比鱼，原产于南美洲的委内瑞拉、圭亚那、西印度群岛、巴西北部等地。一般体长3厘米～6厘米，雌鱼比雄鱼大，但雄鱼比雌鱼更美丽。尾鳍形状变化较多，常见的尾鳍形状有圆尾、尖尾、铲尾、琴尾、上剑尾、下剑尾、双剑尾、三角尾、皇冠尾、扇尾等。属于卵胎生鱼类，具有色彩绚丽丰富、繁殖力强、性成熟早的特点。幼鱼经3～4个月饲养便进入成熟期，可繁殖后代。性成熟时，雌鱼臀鳍上前方的腹部有一黑色胎斑，可全年繁殖。主要品种有蛇皮孔雀、红袍孔雀、黑袍孔雀、紫袍孔雀等。

图33 孔雀鱼

优点：适宜水温为18℃～26℃，可耐受的最低水温为12℃～13℃，喜微碱性水质，pH为7.2～7.4。特别喜食枝角类、水蚯蚓等鲜活饵料，也可投喂一些鱼虫干、青菜屑及馒头、面包、新鲜米饭和面条等不含油腥的淀粉类食物。孔雀鱼性情温和、活泼，可与其他品种鱼混养，适应性强，是最易饲养的品种之一。

缺点：规格太小，雌鱼的外形、色彩单调。

（2）剑尾鱼

剑尾鱼，别名剑鱼、青剑，产于墨西哥、危地马拉等地的江河流域。一般体长 4 厘米～7 厘米，雌鱼比雄鱼大，成鱼体长可达 10 厘米，通体橄榄色，鳞片边缘呈褐色，两侧中部有一条深红色条纹，从鳃后直至尾部，条纹上下有浅蓝色镶边。雄鱼尾鳍下叶有一长剑状的延伸突，其长度超过体长，剑尾绿色或橙色，边缘黑色，背鳍上有红斑。雌鱼色泽较雄鱼逊色，无剑尾。

剑尾鱼适宜水温为 20℃～28℃，最适生长水温为 22℃～24℃，可适应弱酸、中性、弱碱性水质，杂食性，可投喂动物性活饵，如大型溞或蚤状溞等，也可投喂菠菜叶或莴苣叶等植物性饵料及人工配合饵料。剑尾鱼 6～8 月龄性成熟，每隔 4～5 周繁殖 1 次，适宜繁殖的水质的 pH 为 7～7.2，硬度为 6°～9°。剑尾鱼与月光鱼杂交，经过人工不断选优培育，可得到红剑、黄剑、鸳鸯剑等不同花色品种。杂交后的品种，如红剑，生长快，体格强壮，易饲养，具有观赏价值。剑尾鱼性情温和，很活泼，可与小型鱼混养，因其弹跳力很强，最好加盖饲养。

（3）玛丽鱼

玛丽鱼原产于中美洲的墨西哥，体长 8 厘米～10 厘米，体呈梭形，雄鱼背鳍高大。玛丽鱼属卵胎生鱼类，4～6 月龄可达性成熟，每尾雌鱼一次可产仔 20～50 尾。

图 34 黑玛丽鱼

玛丽鱼喜弱碱性硬水，对水温适应能力较强，对水质较为敏感，养殖时需经常换新水，水温降到21℃时易患水霉病。杂食性，爱啃吃藻类，常不停地刮食箱壁和沙石上的附着藻类，具有“清洁夫”的美称。玛丽鱼性情极温和，一般情况下不攻击其他鱼，适宜与其他热带鱼混养。

（二）脂鲤科

脂鲤科热带观赏鱼，俗名灯类热带鱼，其最大的特点是“会发光”，实际上是其背部鳞片透光率特别高的缘故，光线可经背部入射，从鱼体的腹部和两侧发出。在目前饲养的淡水热带鱼中，脂鲤科的品种最多，这些鱼主要产于南美洲的亚马孙河流域及非洲地区。从分类讲，这类鱼有两个特点：一是它有2个背鳍，第二背鳍实际上是尾柄上方向外凸出的鳍形脂肪皱褶，鱼类学上将第二背鳍称为脂鳍，因此，取名为脂鲤科鱼类。二是这类鱼的口中有牙齿。以上两个特征是脂鲤科鱼类区别于鲤科鱼类的主要特征。

脂鲤科观赏鱼一般属中小型水草习性观赏鱼，每个品种由两种以上对比度较高的颜色组成，加之具有“发光”的特点，十分鲜艳悦目。其适应环境的能力较强，易饲养，喜弱酸性水质，pH为6.4～6.8，硬度在8°以下。此外，需多种植些水草，配以适宜的光照，保证水族箱中有部分区域光线较暗，可作为鱼栖息藏身之处。此科观赏种类有数十种，较为常见的有20多种，这种鱼具有多种色彩，尤其是小型种类色彩更为艳丽。

（1）红绿灯鱼

红绿灯鱼，又名红莲灯鱼、霓虹灯鱼、红绿霓虹灯鱼、红灯鱼，原分布于巴西、秘鲁、亚马孙河支流、哥伦比亚。一般体长2.5厘米～3厘米，属于小型水草习性观赏鱼，全身笼罩着青绿色光彩，从眼睛后缘至尾柄前端有一条发浅绿色光泽的纵向条纹，腹部前半部分为银白色，后半部分为鲜红色，光彩夺目。在不同的光线下或不同的环境中，其色带的颜色时深时浅。红绿灯鱼因体色极为艳丽，是最受人们喜爱的热带鱼品种。

红绿灯鱼喜欢在22℃～24℃的偏酸性、低硬度的水中生活，食

性杂，偏动物食性。胆小，饲养环境要求安静，有集群习惯，可同其他小型鱼混养或单养，如混养必须与体形、习性相近的鱼一起养。

图 35 红绿灯鱼

（2）头尾灯鱼

头尾灯鱼，又名灯笼鱼、信号灯鱼、提灯鱼、车灯鱼，分布于南美洲的圭亚那、巴西亚马孙河流域南部。一般体长 ,4 厘米 ~ 5 厘米，体长而侧扁，头短，腹圆。此鱼背鳍、腹鳍、臀鳍边缘带有蓝色荧光，尾柄处有一黑色斑块，眼睛上半部及尾柄上半部有红色斑点，故称为“头尾灯鱼”。在灯光照射下，反射出金黄色和红色的色彩。鱼在游动的过程中，由于光线的关系，头部和尾部的色斑亮点时隐时现，宛若密林深处的荧火虫，闪闪发光。

适宜水温为 25℃ ~ 30℃，对水质要求不严，饵料以小型活食为主，喜在水族箱中层活动、觅食。其性情温和，喜群聚游动，可与其他品种鱼混养。

（3）宝莲灯鱼

宝莲灯鱼原产于南美洲巴西，体娇小纤细，体长 4 厘米 ~ 5 厘米，是热带鱼中的珍品。其体侧扁，呈纺锤形，头、尾柄较宽，吻端圆钝，尾鳍叉形。体色艳丽，背部呈黄绿色，腹部乳白色。最明显的特点是，从眼后缘到尾柄有一条较宽的明亮的蓝色纵带，纵带下方后腹部有一片红色斑块，全身有金属光泽，闪闪发光，游动时特别美丽，泳姿欢快活泼，非常惹人喜爱。

图 36　宝莲灯鱼

适宜水温为 23℃ ~ 28℃，喜欢在弱酸性、低硬度的水中生活。杂食性，需经常投喂动物性饵料，以保持其体色艳丽。其性情温和，宜群养，可与其他品种鱼混养。

（4）红裙鱼

红裙鱼，又名灯火鱼、半身红鱼、红裙子鱼，原产地在巴西。其体呈纺锤形，前半部较宽，后半部突然变窄。一般体长 3 厘米 ~ 4 厘米，头部和背部为暗绿色，头后为浅黄色，此鱼身体后半部为鲜红色，艳如红裙，背鳍、腹鳍、臀鳍均为红色，故称红裙鱼。胸鳍上方有两条黑色横向条纹，繁殖时身体前半部会转成浅红色。红裙鱼是人们非常喜欢的美丽的小型热带鱼。

适宜水温为 23℃ ~ 28℃，喜在弱酸性、低硬度的水中生活。饲料以小型活食为主，其性情温和，可与其他小型鱼混养。

（5）企鹅鱼

企鹅鱼，又名斜形鱼、拐棍鱼、黑白线鱼、定风旗鱼，原产地在巴西。其体形长，稍侧扁，尾鳍叉形，最大体长 8 厘米。其体色银白，各鳍均为透明的浅黄色，白色鱼体上有一条黑色纵带，从鳃部直达尾基，这条黑带在尾柄基部转变方向，一直拐到尾鳍下叶的末端，像一支曲棍球棒。企鹅鱼休息时尾部会往下沉，整个身体呈 45° 斜浮在水中，成为热带鱼群体中的又一奇特的亮点。其游泳时也不是直上直下或水平前进，而是斜来斜去的。

适宜水温为 23℃ ~ 28℃，喜欢在弱酸性、低硬度的水中生活。企鹅鱼喜食新鲜动物性饵料，也可投喂新鲜饵料和干饵。其性情温和，喜集群活动。

（6）玻璃扯旗鱼

玻璃扯旗鱼，学名细锯鱼，别名黄扯旗鱼、锯脂鲤、玻璃帆鳍鱼，原产地在南美洲委内瑞拉和圭亚那等地，属小型观赏鱼类。体长 4 厘米 ~ 5 厘米，侧扁，身体透明，腹部尤其明显，尾叉形。鳃盖后缘至尾鳍基有一条纵银白色带，背鳍、臀鳍上各有一黑斑。

图 37 玻璃扯旗鱼

适宜温度为 22℃ ~ 27℃，较耐低温，15℃水温也能生存，喜栖息于中性水中。其性情温顺、活泼，喜欢在水的中下层活动。食性较杂，由于此种鱼体瘦小，宜投喂细小的动物性饵料。

（7）玫瑰扯旗鱼

原产于南美洲亚马孙河、圭亚那。鱼体呈纺锤形，中宽，侧扁，体长可达 5 厘米左右。身体颜色为浅玫瑰色，鱼体和鳍均呈半透明状，鳃盖后缘有一黑斑，背鳍有一大黑斑，周边镶有珐琅白边，游泳时展开，状似一面美丽的

图 38 玫瑰扯旗鱼

黑旗。色彩易随环境变化而改变，该鱼是扯旗鱼中较美丽的品种之一。

玫瑰扯旗鱼适宜水温为22℃～26℃，能耐受18℃～20℃的水温。喜弱酸性软水，也能适应中性、微碱性水质，pH为6.5～7.2，硬度为8°～10°。喜食小型活饵料，也能摄食干饲料。其性情温和，气质幽雅，喜欢在水下层活动，适宜与其他温和的小鱼混养，避免与体形过大的鱼混养。

（8）柠檬灯鱼

柠檬灯鱼，学名丽鳍望脂鲤，又称美鳍脂鲤，原产于南非的亚马孙河、巴西境内。体长4厘米～5厘米，长梭形，侧扁，眼大。鱼体两侧为银白色，眼上部鲜红，体色淡黄，背鳍透明，前端为鲜亮的柠檬黄色，边缘有黑色的密条纹，臀鳍亦透明，边缘深黑色，其中，前面的几根鳍条组成一小片明显的柠檬黄色线条，与背鳍前上方色彩相对，因而获得“柠檬灯鱼”“柠檬翅鱼”的美称。将其放养在水草茂密的水族箱中，用黑色背景衬托，其雅致俊逸、俏丽不俗的神韵将呈现在我们的眼前。

图39 柠檬灯鱼

柠檬灯鱼的适应水温为21℃～30℃，最适水温为23℃～26℃，喜微酸性软水。喜食小活饵料，也摄食冰鲜食物或干饲料。易饲养，喜群居，性情温和，与和其他小型鱼混养。

（三）慈鲷科

慈鲷科鱼主要分布在南美洲、中美洲及非洲的一些大型湖泊，如马拉维湖、坦干伊喀湖、维克多利亚湖，在以色列、斯里兰卡、马达加斯加、印度也有分布。本科的观赏鱼超过 1000 种，大多数鱼具有攻击性，但对自己的后代关怀备至。

慈鲷科热带观赏鱼适宜的水温为 20℃ ~ 30℃，大部分鱼最适水温为 26℃ ~ 28℃。分布于南美洲的种类喜偏酸性软水，pH 为 6 ~ 7.5；而非洲的大部分种类喜偏碱性的水，这主要与鱼的自然栖息地有关。慈鲷科热带观赏鱼繁殖有两种情况：一种是，亲鱼产卵后，将卵含入口中，通过嘴的闭合，在口中形成水流，受精卵在口内孵化，待鱼苗孵好后，吐出鱼苗，如遇危急情况，亲鱼会将鱼苗再次含入口中，等到危险过后，再吐出鱼苗。另一种是，亲鱼直接将卵产在光滑的石块或宽叶水草上。亲鱼产卵前，用嘴把石块或水草舔刮干净，然后雌鱼在上面一排排产卵，雄鱼紧接着排精，使卵受精。

目前，养殖的慈鲷科鱼类主要有神仙鱼、地图鱼、火口鱼、宝石鱼、橘子鱼、金菠萝、凤凰鱼、七彩神仙鱼、罗汉鱼等。常见种有以下几种。

（1）神仙鱼

神仙鱼，又名燕鱼、天使鱼、小神仙鱼、小鳍帆鱼，原产于南美洲的圭亚那、巴西，是一种具有较高观赏价值的热带鱼，有“观赏鱼皇后”之美称。体长 12 厘米 ~ 15 厘米，可达 15 厘米 ~ 20 厘米，体侧扁，呈菱形，头小而尖，体侧银白色带黄，腹部较浅，背部较深。背鳍、臀鳍上有几根鳍条，两侧的鳍条较短，腹鳍呈长丝状，尾鳍上下端较长，中

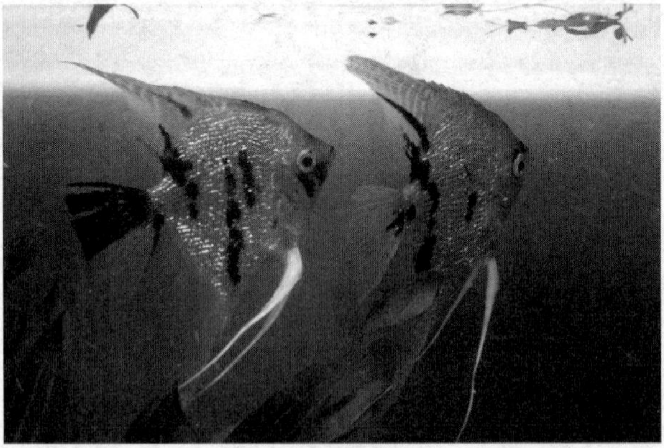

图 40 神仙鱼

间平直。从侧面看神仙鱼游动，如同燕子翱翔，故在中国北方地区称之为燕鱼。神仙鱼体态高雅，游姿优美，变异品种繁多，根据形体分为笨尾、中长尾和长尾，根据色彩分为白燕儿、银燕儿、黑白燕儿、斑马燕儿、云石燕儿和金头燕儿等。其中，以红眼燕儿和钻石燕儿最为珍贵，墨燕儿最难饲养。

神仙鱼适宜水温为 24℃ ~ 27℃，对水质没有特殊要求。神仙鱼以动物性饵料为主，小型品种也可驯化为以颗粒饲料为主，以植物性饵料为主的鱼类很少。神仙鱼性格温和，可与绝大多数鱼类混合饲养，唯一注意的是鲤科的虎皮鱼和孔雀鱼，这些调皮而活泼的小鱼喜欢啃咬神仙鱼的臀鳍和尾鳍。

（2）七彩神仙鱼

七彩神仙鱼，又名铁饼、七彩燕，原产地在亚马孙河。七彩神仙是五彩神仙的变种，其体形与五彩神仙鱼相似，近圆形，侧扁，从远处看，酷似铁饼，故名“铁饼”。尾柄极短，背、臀鳍对称，体长可达 20 厘米，体基色有艳蓝色、深绿色、棕褐色等。鱼体上有 8 条间距相等的棕红色横条纹，头部、躯干部、背鳍和臀鳍遍布不规则的纵向条纹，其色彩随光彩变幻，繁殖期间色彩更为艳丽。其泳姿高雅，深受热带鱼爱好者喜欢，素有“热带鱼之王”的美称。七彩神仙变异品种繁多，体色有红七彩、绿七彩、蓝七彩和蓝绿七彩之分，花纹有松石和非松石之分，体形有宽鳍、高身之分。

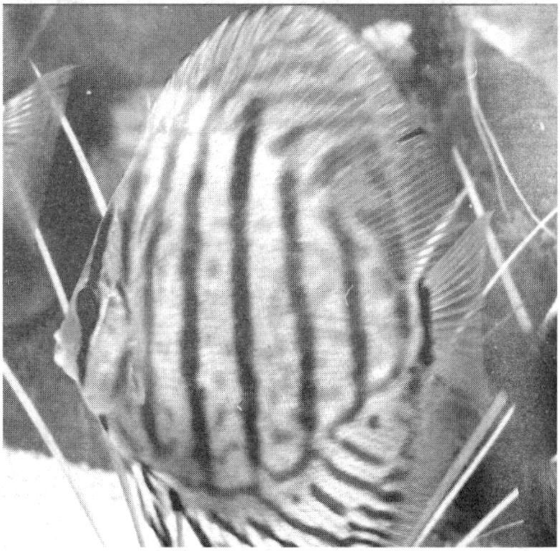

图 41　七彩神仙鱼

适宜水温为26℃ ~ 30℃，喜高温、高氧的软水，pH在6左右。杂食性，喜食丝蚯蚓、水蚤、水生昆虫、生苔等。七彩神仙喜静怕惊，最好在水族箱中放置阔叶水草和砾石之类以供其隐身。七彩神仙可与小型文静的中上层鱼混养。

（3）鹦鹉鱼

鹦鹉鱼，又称鹦嘴鱼，体长，头圆钝，体色鲜艳，鳞大。其腭齿硬化演变为鹦鹉嘴状，用以从珊瑚礁上刮食藻类和珊瑚的软质部分，牙齿坚硬，能够在珊瑚上留下显著的啄食痕迹。主要品种有血鹦鹉、金刚鹦鹉、紫鹦鹉、一颗心鹦鹉、独角仙鹦鹉、红元宝等。

图 42 鹦鹉鱼

血鹦鹉，俗称红财神、财神鱼，其强健壮硕，全身鲜艳通红，体形胖嘟嘟，鳍条柔柔的。成年体长 15 厘米 ~ 20 厘米，体宽厚，呈椭圆形。幼鱼期体色灰白，成年鱼体态臃肿，呈粉红或血红色。

适宜水温为 25℃ ~ 28℃，在低水温和水温变化剧烈的情况下，易因生理反应而失去鲜艳的体色，更有甚者会出现黑色的条纹或斑纹。因此，养殖过程中要保持优良的水质和提供充足的氧气。此鱼对水质的适应力极强，食性杂，可食红虫、丰年虾、水虱、人工饵料等。

（4）地图鱼

地图鱼，别名猪仔鱼、尾星鱼、黑猪鱼、星丽鱼，原产地在南美洲的圭亚那、委内瑞拉及巴西的亚马孙河流域。一般体长 25 厘米 ~ 30 厘米，属大型鱼类，深受水族爱好者喜欢。此鱼体色多样，基本体色有黄褐色、红色等，鱼体上有不规则的斑块，形似地图，故名地图鱼。

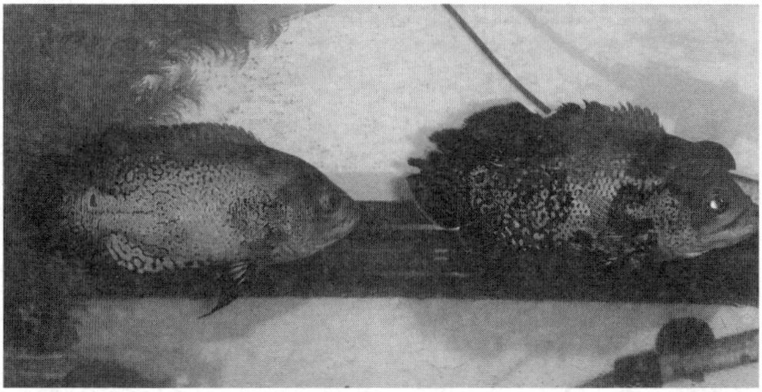
图 43 地图鱼

又因为其尾部末端有一个被金色包围的黑色斑点，如星星般闪亮，又被称为“星丽鱼”。还有人称它为“花猪鱼”，是因为它进食的贪婪和平时“好吃懒做”的生活习性。性成熟时，尾柄处出现一边缘为红黄色的黑斑块，状如眼睛，据说是一种保护色或诱敌色，使其他鱼分不清前后而不能逃走。

适宜水温为 25℃ ~ 30℃，光照强度为 2000 勒克斯，pH 为 6.4 ~ 7.5，硬度为 4° ~ 8°。地图鱼看起来笨拙，实际上游泳很灵活，捕食敏捷。属肉食性凶猛鱼类，比较贪食，喜食动物性活饵料，也吃一些人工饵料。其性情暴躁，不宜与其他鱼混养。

（5）菠萝鱼

菠萝鱼，又称金菠萝鱼、西付罗鱼，原产于南美洲的亚马孙河流域，主要分布于巴西、圭亚那境内，一般体长为 16 厘米 ~ 20 厘米。菠萝鱼体扁平、宽大，幼鱼的体形、体色与七彩神仙鱼十分相似，横纹明显，长大后，体侧横纹消失，只在尾柄基部剩有

图 44 菠萝鱼

1条。该鱼有一变种，眼睛红色，全身金黄，也称金菠萝。

适宜水温为24℃～30℃，最低光照度为2000勒克斯左右。该鱼对水质要求不高，pH为6.5～7.5，硬度为5° ～8° 。属杂食偏动物性，饲养时以冰鲜饵料为主。其性情温和，在饥饿或繁殖等需要大量营养时会袭击小鱼，宜与体形较大的鱼混养。

（6）七彩凤凰鱼

七彩凤凰鱼，又称七彩马鞍鱼、马鞍翅鱼、矮丽鱼，原产地在哥伦比亚、委内瑞拉。体呈长纺锤形，侧扁，尾鳍呈扇形，体长6厘米～8厘米，幼鱼体色浅灰，性成熟时体色十分艳丽，七彩缤纷。成鱼体色呈淡蓝色，体表布满宝石蓝色的花斑，嘴上部为橘红色，嘴下部为金黄色，鳃盖上有宝石蓝斑点，体侧有5条黑色的垂直色带。各鳍为淡黄色，布满蓝绿色斑点，雄鱼背鳍呈马鞍状，故称为马鞍翅鱼。七彩凤凰鱼的人工繁殖同一般慈鲷科鱼类，有护巢和护卵的习性。

适宜水温为25℃～29℃，最低光照度为3000勒克斯左右。该鱼对水质要求较高，pH为6.4～7，硬度为4° ～6° 。杂食性，偏动物性，人工饲养主要投喂活饵，也可投喂配合饵料，易于饲养。其性情胆小温和，宜在安静、无直射光照射的环境中生活。水箱中应多植水草供其躲藏栖身。可与其他小型热带鱼混养。

（7）红肚凤凰

红肚凤凰属小型慈鲷科鱼，原产地在西非，一般体长为6厘米～8厘米。此鱼身体细长，体色绚丽，鱼背部分呈蓝色，鳃盖在灯光反射下呈金属色泽的蓝光，极为耀眼，腹部呈鲜红色，尤其在繁殖季节，颜色更明显，雄鱼背鳍、臀鳍较尖长。

图45 红肚凤凰鱼

适宜水温为 23℃ ~ 26℃，最低光照度为 3000 勒克斯左右。该鱼对水质要求不高，pH 为 6.8 ~ 7.6，硬度为 5° ~ 8° 。属杂食性鱼类，能摄食薄片或颗粒饲料，也能吃丰年虾、卤虫，甚至是蔬菜，如南瓜等。红肚凤凰属底栖鱼类，最好为其提供可下沉的食物。该鱼性情平和，可与其他鱼混养。此鱼具有穴居特性，最好在水族箱中放置一些只剩下纤维的椰壳或小花盆、小瓦瓮之类的物件，供它们栖息、躲藏。

（8）罗汉鱼

罗汉鱼，又名花罗汉，体形线条宽阔流畅，头部微隆，经过进一步改良后，其具有更宽阔的体形，色彩和花纹的表现力更佳，额珠饱满高耸，非常惹人喜爱。现今流行的罗汉，其体高与体长的比例接近于 1:1 ~ 1:1.5 的最佳比例，身上的珠点、墨斑纹和颜色更加漂亮，额珠以水头居多，更加饱满。头顶的肉瘤，在许多东南亚国家被人们视为长寿和财富的象征，罗汉鱼身上的墨斑被人们视各种吉祥的符号。罗汉鱼极有灵性，与人的互动性更强。罗汉鱼品系多，种类丰富，一般可分为三大品系，即花角品系、金花品系、珍珠品系，不论哪种品系的罗汉鱼都有雍容、丰满的体态，但游动起来灵活、可爱。

图 46 罗汉鱼

适宜水温为 26℃ ~ 28℃，pH 为 6.8 ~ 7。属杂食性鱼类，能摄食活饵（如红蚯蚓、小鱼等）、冻饵（冻虾、冻虫等）、饲料（条状、粒状）。罗汉鱼性凶猛，不宜与其他鱼混养。

（四）攀鲈科

攀鲈科鱼主要产于东南亚及非洲。有4对鳃，其中一对鳃的上部变成迷路器官，可直接吸取空气中的氧气，当鱼离开水时，能在空气中存活较长时间。本科鱼繁殖也很有特点，绝大多数鱼繁殖时要吐泡营巢，将卵产在浮在水面的泡沫巢中。因此，也有人把攀鲈科叫作“吐泡科”。仔鱼在孵化出膜后的一段时间内仍“吊挂”在泡沫巢上，以后随着鱼体发育才慢慢离开，自由活动。仔鱼的饵料以轮虫或细微颗粒蛋黄为佳。雄鱼体色艳美，鳍比雌鱼长。对水质及饵料的要求不苛刻，较易饲养，可与其他种类的观赏鱼混养。本科鱼约38种，其中，最具代表性的种类是斗鱼，故也称为斗鱼科。主要种类如下。

（1）泰国斗鱼

泰国斗鱼，别名五彩搏鱼、暹罗斗鱼、彩雀鱼、卡莉熙鱼，又称彩雀，原产于泰国。一般体长为5厘米～6厘米，有的可达10厘米，是一种非常美丽的鱼。其鳍特别宽大，雄鱼尤其突出，身体呈暗红色，鳍一般为蓝色，经过多年的杂交培育，泰国斗鱼的颜色变化较多，出现了红色、绿色、蓝色以及这些颜色的混合色。

适宜水温为22℃～24℃，不能低于18℃，喜弱酸性的软水，最低光照强度为2500勒克斯左右。此鱼对水质要求不高，pH为6.8～7.5，硬度为6°～8°。食性杂，喜食血虫、水蚤、线虫等活体饵料，也摄食人工饵料。雄性泰国斗鱼好斗，但仅限于同种鱼之间。

图47 泰国斗鱼

（2）中国斗鱼

中国斗鱼，又名叉尾斗鱼、兔子鱼、天堂鱼等，原产地在我国台湾地区，一般体长为7厘米～9厘米。中国斗鱼体色与泰国斗鱼明显不同，鱼体底色为红色，体侧有十几条横向蓝条纹，鳃盖后有个绿色斑块，尾鳍呈红色或暗红色。另有一种蓝中国斗鱼，属同种，但鱼体底色为蓝色，体侧有十几条横向红色条纹。主要品种有叉尾斗鱼、圆尾斗鱼、白叉尾斗鱼、蓝叉尾斗鱼、红火焰、蓝火焰等。

图48 中国斗鱼

适宜水温为18℃～26℃，最低光照度为2000勒克斯左右。此鱼对水质要求不苛刻，pH为6.5～7.6，硬度为6°～10°。饲养时在水中多植水草和多放些石块，为其设置藏身隐蔽之处。其属杂食性鱼，喜食昆虫幼体和鱼虫，也吃干饵料，十分贪吃，应经常投喂饵料。其性好斗，不仅与同种鱼相互厮杀，而且与其他种类的鱼也会如此，因此只能单养。

（3）丽丽鱼

丽丽鱼，学名拉利毛足鲈，别名电光丽丽、桃核鱼、小丽丽鱼、蜜鲈、加拉米鱼。原产于亚洲的印度东北部，体长约5厘米，体形呈长椭圆形，侧扁，头大眼大，翘嘴。雄鱼体色以红色、蓝色为主，体侧红、蓝条纹相间，头部橙色，嵌黑眼珠红眼圈，鳃盖上有蓝色斑，背鳍、臀鳍、尾鳍上有红、蓝色斑点，镶红色边，胸鳍无色透明。雌鱼体色较浅，呈银灰色，点缀有彩色条纹，色彩奇妙。鳍较短，腹鳍胸位，演化成两根长丝体。

图 49 丽丽鱼

适宜水温为24℃～27℃，对水质和饵料要求不苛刻。喜中性偏酸性水，对饵料要求不高，可摄食干饵料，要交替投喂活饵料。其胆小，养殖时，水中应多设水草、石块供它们隐蔽栖息。其性情温和，高兴时常喷水作乐。适宜与温和、爱静的鱼混养，不宜与大型或凶猛鱼混养。

（4）接吻鱼

接吻鱼，又叫亲嘴鱼、吻鱼、桃花鱼、吻嘴鱼、香吻鱼、接吻斗鱼等，原产地在泰国和印度尼西亚的苏门答腊岛。体长达 20 厘米～ 30 厘米，体色呈淡红色，椭圆形，侧扁，头大，嘴大，尤其是嘴唇又厚又大，且有细的锯齿。眼大，有黄色眼圈。背鳍、臀鳍特别长，从鳃盖的后缘起一直延伸至尾柄，尾鳍后缘中部微凹，胸鳍、腹鳍呈扇形。接吻鱼以喜欢相互“接吻”而闻名，实际上，不仅是异性鱼之间，同性鱼之间也有“接吻”动作，故一般认为，接吻鱼的“接吻”并不是友好的表示，也许是一种争斗。其游动缓慢，显得雍容大方，具有

图 50 接吻鱼

迷人的魅力与观赏价值。

适宜水温为 20℃～28℃，最低光照度为 2500 勒克斯左右。此鱼对水质要求不高，喜偏碱性硬水，pH 为 7 ～ 7.5，硬度为 6° ～ 8° 。接吻鱼对饵料要求不高，喜食水蚯蚓，人工饲养以冰鲜饵料为主，需定期添加活饵料。因其喜欢用厚嘴唇吸吮食箱壁和水草上的青苔，人们通常在箱中放一尾接吻鱼做“清缸夫”。此鱼性情温和，无攻击行为，可与其他鱼混养。

（5）招财鱼

招财鱼，学名丝足鲈，又名大飞船、长丝鲈，原产地在泰国、马来西亚、越南等。招财鱼体形较大，成鱼体长 20 厘米～69 厘米，椭圆形，头大，嘴大，体格强壮，腹鳍是两根细长的丝鳍，臀鳍宽大，胸鳍发达。背鳍前部较低，后部挺拔，臀鳍由后腹部一直延伸至尾柄。全身金黄色，眼睛金黄色，体表鳞片边缘透着淡淡的红色，有金属光泽，在光线照射下全身散发出金黄色光芒。雄鱼体色鲜黄，背鳍、臀鳍末梢尖长，雌鱼体色略淡。在水族箱水面上漂浮几颗水草，放入一对亲鱼，雄鱼在水面上吐出大量泡沫，并将受精卵吐入泡沫中孵化。雌鱼每次产卵 500 ～ 1000 粒，繁殖时用嘴清巢。

适宜水温为 22℃～26℃，此鱼对水质要求不高，喜中性或微酸性软水。喜光照和水草，适应大空间，生活于水的中上层。饵料有小活鱼、鱼肉、虾肉、水蚯蚓等。其体质好，性情温和，易饲养。

图 51 招财鱼

（五）鲶科

具有观赏价值的鲶科鱼主要分布在南美洲亚马孙河流域。鲶科鱼体格健壮，性情温和，易饲养，寿命较长，可活10年以上。鲶科鱼喜欢用特化的像吸盘一样的嘴舔食玻璃、水草表面的青苔及沉积在水族箱底部的残饵及其他鱼类的粪便，人们称之为“清道夫”。主要品种为玻璃猫鱼。玻璃猫鱼又称玻璃鲶、猫头玻璃鱼、玻璃水晶鱼，原产地在泰国、印度尼西亚。一般体长5厘米～8厘米，在自然水域最大可达10厘米以上。全身透明，可见内部骨骼和各种脏器，内部器官基本上集中在身体的前端，嘴边有两条长长的状若猫须的触须，用于感觉外界环境和搜寻食物。游动时尾部较低，好像跳舞。

图52 玻璃猫鱼

玻璃猫鱼的适宜水温为22℃～26℃，最低光照度为3000勒克斯左右。喜弱碱性水，pH为7～7.6，硬度为6°～10°。喜食活饵，如水蚯蚓、枝角类、丰年虫等。其胆子较小，性情温和，喜欢群居，可与性情温和、习性缓慢的小鱼混养，不可与行动迅速、有攻击性的观赏鱼混养。

（六）骨舌鱼科

骨舌鱼科鱼是一种下颌具须、体侧扁、腹部有棱突的古老淡水鱼种群，属骨舌鱼目，广泛分布于南美洲、澳洲及东南亚热带和亚热带地区。因其神态威严，体形长而有须，鳞片多带金属光泽，酷似中国神话中的龙，故俗称龙鱼。不同种类的龙鱼有不同的色彩，且随着年龄的增长，鳞片的颜色会愈加闪亮、厚重，是观赏价值极高的一类热带观赏鱼。龙鱼是鱼类中有名的“长寿鱼”，一般可活 30 年左右，寿命最长的可达 40 年以上。真正把龙鱼作为观赏鱼引入水族箱始于 20 世纪 50 年代后期的美国，直至 80 年代才逐渐在世界各地流行起来。《山海经·海外西经》讲：“龙鱼陵居在其北，状如狸。一曰‘鱼段’，即有神圣乘此以行九野。”

属热带狭温性鱼类，生活在上层水域，对水质要求很高，适宜水温为 24℃ ~29℃。绝大部分骨舌鱼科鱼类，属肉食性鱼，以小鱼、小虾、昆虫为主，但也有例外，如尼罗河龙鱼属杂食滤食性。人工饲养时，尽量喂鲜活动物性饵料，人工配合饲料应选用浮性饵料。繁殖方式为卵生，在自然环境中，雌鱼产下的卵由雄鱼含在口中，直至幼鱼孵化。其具有较强的攻击性和领域意识，饲养时尽量避免同种混养。

广泛饲养的龙鱼主要包括：3 种美洲龙鱼（银龙、黑龙、象鱼）、2 种澳洲龙鱼（星点斑纹澳洲龙、星点澳洲龙）、1 种非洲龙鱼 、3 种亚洲龙鱼（金龙、红龙、青龙）。

（1）银龙

银龙，俗称双须骨舌鱼、银带、龙吐珠，是较常见的一种，主要分布在亚马孙河流域。银龙为大型观赏鱼类，体狭长，成鱼体长 60 厘米 ~ 90 厘米，最大长达 100 厘米。体侧扁，背部较厚；头较大，眼

图 53 银龙

睛在头的上部接近头顶，口上侧位，口裂大而下斜，下颌较上颌凸出，下颌有一对须。背鳍、臀鳍较长，背鳍和臀鳍向尾鳍延长至尾柄基部，尾鳍短小，呈圆扇形。体覆大圆鳞，尾部鳞片相对较小，体侧有 5 排呈粉红的半圆形鳞片，侧线有 31 ~ 35 个鳞片。体呈金银色，其中，含有钴蓝色、蓝色、青色等颜色混合，在光线照射下显现出淡粉红等其他颜色。幼鱼体色较蓝，鳃盖后方有明显的蓝色斑纹，随着成长逐渐淡化。

喜弱酸性或中性软水，适宜水温为 24℃ ~ 28℃，主要以小鱼虾、昆虫为食。其体格健壮，生长迅速，食量大，性凶猛，能吞食小型鱼类，不宜与其他鱼混养。其善于跳跃，要用大型水族箱饲养，要加盖，不宜铺底沙。

（2）黑龙

黑龙，别名黑带，原产地在南美洲的亚马孙河流域，1966 年首次在巴西里奥河被发现。其易受惊吓，因其稀有在巴西受到严格保护，其体长可达 60 厘米左右，大者体长可达 90 厘米，外形与银龙相似。不同的是，黑龙幼鱼期时身体略呈黑色，10 厘米大时，身体上有淡黄色的条纹，随成长逐渐变成银白色。各鳍均为蓝黑色，幼鱼期胸鳍下挂着卵黄囊，香港人称之为“黑龙吐珠”。

最适饲养水温为 22℃ ~ 28 ℃，喜弱酸性水，对水质的适应能力不强，饲养困难，价格较高。食性与银龙相似。

图 54 黑龙鱼

（3）象鱼

象鱼原产地在南美洲的亚马孙河流域和哥伦比亚一带，巴西亦有出产。象鱼与一般龙鱼大不相同，其体形巨大，呈圆胖型。鳞粗大、坚硬，鳞框红色，没有胡须。成鱼体色为灰黑色，幼鱼时身体呈墨绿色，尾鳍黑色。象鱼是淡水鱼中体形最大的鱼类之一，最长5米左右，重达400公斤。在水族箱中较难饲养。

图 55 象鱼

（4）星点澳洲龙

星点澳洲龙原产于澳大利亚东部，体长 30 厘米 ~ 50 厘米，最大 70 厘米，幼鱼极为美丽。其头部较小，体侧有许多红色的星状斑点，臀鳍、背鳍、尾鳍有金黄色的星点斑纹。成鱼体色为银色中带美丽的黄色，背鳍为橄榄青，腹部呈银色光泽，各鳍均带有黑边。

适宜水温为 24℃ ~ 28℃，喜弱酸性和中性的软水，pH 为 6.5 ~ 7.5。属肉食性鱼，可喂小鱼、昆虫类、甲壳等生物，也可喂食人工饲料。

（5）红尾金龙

红尾金龙原产于印尼苏门答腊岛中部东岸，以北康巴鲁产量最多，马来西亚也有分布。最适水温为 24℃ ~ 28℃，体长 60 厘米 ~ 90 厘米，头背部平直，背鳍与臀鳍形状宽短，臀鳍基长于背鳍基，均后位。典型特征是，背鳍和尾鳍上叶为黑褐色，背鳍和尾鳍下叶以及臀鳍呈红色，背鳍基底附近的鳞片没有金色鳞框，从腹侧往上数最大到第 4 排，鳞片有美丽的金色鳞框 。

红尾金龙可以分为三个品级，第一级为特级红尾金龙，七片鳍都

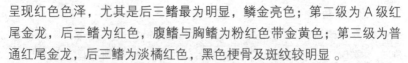

呈现红色色泽，尤其是后三鳍最为明显，鳞金亮色；第二级为 A 级红尾金龙，后三鳍为红色，腹鳍与胸鳍为粉红色带金黄色；第三级为普通红尾金龙，后三鳍为淡橘红色，黑色梗骨及斑纹较明显 。

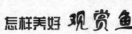

（6）过背金龙

过背金龙原产地主要在马来西亚，部分在印度尼西亚，也叫马来西亚金龙。最适水温为 24℃ ~ 28℃。体长 30 厘米 ~ 50 厘米，体形、颜色 、鱼体与红尾金龙差不多，但金色鳞片越过背部，较为漂亮。依鳞片基底部的色彩可以分为蓝底和金底。在过背金龙优良个体里出现几率最低的是鳞片基底部呈蓝紫色、鳞框呈金色的蓝底过背金龙。

图 56 七彩过背金龙

（7）红龙

红龙原产于印度尼西亚，是目前淡水观赏鱼中价格最昂贵的品种。其体长 30 厘米 ~ 60 厘米，体形与金龙鱼相似，幼鱼的体色较浅，为白色微红，鳞片细小，鳍呈淡淡的金绿色，鳞片边缘略带粉红色，嘴部则为浅红色。体色一般需要 4 ~ 5 年才能显现，长者 10 年。成鱼体成金黄色，鳞片、吻部、鳃盖、鳍与尾均呈不同程度的红色，有橘红、粉红、深红、血红色之区别，最适水温为 24℃ ~ 28℃，是极具观赏价值的大型鱼类。常见红龙鱼有辣椒红龙、血红龙、橙红龙，其中，以辣椒红龙为极品。

①辣椒红龙

辣椒红龙体长50厘米～100厘米，体色鲜艳，嘴部有一对短须，体两侧各有5排紧密排列的鳞片，鳞片很大，泛着红光。

图57 辣椒红龙鱼

②血红龙

血红龙成鱼身体较细长，体覆细框的鳞片，鳍、鳃盖均呈红色。与辣椒红龙不同的是，血红龙的色彩会在一年后显现，血红龙幼鱼的鳍也是红色的。

③橘红龙

橘红龙全身遍布橘红色的鳞片，幼鱼嘴唇较平整，头部不尖。成鱼鳃盖呈橙红色或淡橙色，各鳍没有明显的红色或呈淡橙红色，有些劣等橘红龙的鳍甚至是黄色的。橘红龙一般体长约90厘米。

图58 橘红龙鱼

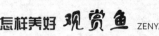

（8）青龙

青龙也叫青金龙，产于泰国、缅甸、柬埔寨、越南、马来西亚和印尼等地。在原产河流中，其体长可达 80 厘米，可人工繁殖。成鱼的头部较圆、较小，全身呈淡青色或带有青绿色的银色，所以，中文名称为“青龙”。侧线在其灰绿色的鳞片中，很显眼。上好的青龙体色呈淡淡的蓝色或紫色。

图 59 青龙鱼

三、常见海水热带观赏鱼的品种及其特征

（一）蝴蝶鱼科

属鲈形目，蝴蝶鱼科，通称蝴蝶鱼，分布于大西洋、印度洋和太平洋的热带和亚热带海域。其外形与陆地上的蝴蝶一样，有着五彩缤纷的图案。体侧扁而高，菱形或近于卵圆形，两颌齿细长，体覆中等大或小的弱栉鳞，个体颜色鲜艳美丽，以浮游甲壳动物、珊瑚虫、蠕虫、软体动物和其

图 60 橘尾蝴蝶鱼

他微小生物为食。其个体较小，行动迅速，易受惊吓。约有 18 属 190 种，常见种类有稀带蝴蝶鱼、橘尾蝴蝶鱼、镜蝴蝶鱼、叉纹蝴蝶鱼、怪蝴蝶鱼、黄色蝴蝶鱼和鳍斑蝴蝶鱼等。

（二）狮子鱼科

狮子鱼又称蓑鲉，是鲉形目、圆鳍科、狮子鱼亚科鱼类的通称，主要分布于北太平洋、印度洋、北大西洋等海域，多产于温带靠海岸的岩礁或珊瑚礁内。其体长可达 45 厘米。体延长，前部亚圆筒形，后部渐侧扁狭小。体无鳞，体色艳丽，身上布满深浅不一的条纹。鳍发达，鳍的硬棘尖锐，具有毒素。在水里巡游时，展开的鳍像孔雀或火鸡开屏一样，国外也有人称其为火鸡鱼。主食甲壳动物，也吃小鱼。约有 13 属 150 多种，中国有 1 属 4 种。

图 61　狮子鱼

（三）雀鲷科

属鲈形目，为世界性分布的热带海洋鱼类，主要分布于南海，部分在东海，多为小形热带鱼类，行动迅速，有些种类体色颇为美丽，以小形无脊椎动物为食。有 25 属 235 种，中国产雀鲷科鱼类 6 属 60 余种，常见的有观赏价值的种类有小丑鱼、蓝魔鬼等。

（1）小丑鱼

小丑鱼属雀鲷科，海葵鱼属，其因体形、体色怪异，赢得了小丑鱼的别名。喜欢依偎在海葵身旁，傍海葵而居，故人们称其为“海葵鱼”。

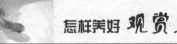

图 62 小丑鱼

（2）蓝魔鬼

蓝魔鬼分布于中国南海、台湾及太平洋的珊瑚礁水域，体长 5 厘米～6 厘米，椭圆形，全身湛蓝色，两眼之间有一条黑色短带，各鳍天蓝色，有黑边。

饲养水质要求澄清，饲养水温为 26℃～27℃，海水比重 1.022～1.023，pH 为 8～8.5，硬度 7°～9°。饲料有海藻、丰年虾、鱼虫、海水鱼颗粒饲料，易饲养。

图 63 黄肚蓝魔鬼

第三章 观赏鱼的饲养设施与养殖用水

第一节 饲养设施

一、饲养容器

（一）缸

缸是饲养观赏鱼的传统容器，常用的有黄沙缸、天津泥缸、宜兴陶缸、江西瓷缸等。通常盛水量在 60 千克左右，适宜饲养鱼苗、幼鱼和大鱼展览之用，其优点是：透气性好，移动方便，摆设美观，缺点是：采光较差，不便观赏鱼的侧面。

图 64 瓷鱼缸

（二）玻璃缸

指用玻璃做成的圆形、扁圆形、椭圆形、桶形及太平鼓形等形状的鱼缸。体积一般较小，适宜饲养体形小、活动范围不大的观赏鱼，如金鱼、孔雀鱼、红绿灯等。这种玻璃缸形状美观，易换水，移动方便，没有接缝，不漏水，也没有框架结构，不妨碍视线，适宜放置在家中桌上观赏。缺点是：体积小，深度浅，氧气供给不足，

图 65　玻璃鱼缸

水温、水质变化快，不能长时间饲养，对光的折射率不一致，易造成观赏鱼变形。

（三）玻璃水族箱

玻璃水族箱是家庭养殖观赏鱼普遍采用的养殖容器，这种水族箱配备齐全，款式多样，有为长方形柜式，也有方形、椭圆形、菱形等，还有壁橱式、壁挂式、电视机式、立柱式，还可定做。其结构有金属框架五面铂玻璃的，也有整体是玻璃制作的。可根据自己的喜爱、家居环境和饲养观赏鱼的种类选定。

玻璃水族箱的优点是：采光性好，水中溶氧较充足，透明度较高，能真实地反映出观赏鱼的体态和色彩。新购买的水族箱要先浸泡 2 ~ 3 天，然后擦洗干净，放入新水曝气后即可放鱼了。

家庭养鱼用的淡水水族箱与海水水族箱有一些不同，淡水水族箱的用材和结构主要考虑观赏效果；海水水族箱中的海水密度大，会腐蚀金属，因此，要求海水水族箱的材料必须耐腐蚀。

（四）自控封闭循环水族箱

自控封闭循环水族箱是上述水族箱的换代产品，其构造由两部分组成，即水族箱和调控箱内水质的自动控制设备，具有水循环、水的净化处理、集污、排污、增氧、杀菌、加热、制冷、照明、自动控制水温等功能。其受外界环境条件的影响很小，适合各种观赏鱼生活习性的要求，又能保证水温、水质等指标的平衡、稳定，可作为陈列观赏鱼展品或作为宾馆、饭店、公园及居家美化环境之用。

图 66　自控封闭循环水族箱

二、过滤系统

（一）底部过滤器

底部过滤器又称底沙过滤、底层过滤、沙土层过滤器、底层浪板、底板式过滤器。一种是过滤器的过滤板置于水族箱底部，板上留有插放通气管的孔，插上塑料管。过滤板上面铺放沙石（珊瑚沙、贝壳、河沙均可）。塑料管连接充气泵，充气时带动水流经过沙石，一方面打气充氧，一方面达到过滤的效果。另一种是过滤沙床设置在水族箱外，用水泵或气泵把水输送到过滤器，过滤后再回到水族箱。底部过滤器的隔板材料要质地坚硬，具有一定的承受力，且化学性质稳定。隔板上有渗水的微孔，滤水孔的大小以水可渗过而沙不能通过为宜。过滤沙床的沙砾应选择质地坚硬、化学性质稳定的材料，如石英砂、溪沙等。沙粒应大小均匀，形状不规则，表面稍粗糙，直径 3 毫米 ~ 5 毫米 / 粒，这样可增大硝化细菌的黏附面积。滤沙层的深度不宜过深或过浅，沙床的深度以 6 厘米 ~ 10 厘米为宜。底部过滤器的最大优点是：过滤面积大，当水泵工作时，底部过滤网与水族箱底部的空隙中会产生虹吸作用，形成一股强有力的水流，将网板上的污物吸到过滤槽内。底部过滤器还可以根据饲养鱼的大小、水族箱尺寸的大小确定水泵的数量，以保证水的过滤量。缺点是：重量重，体积大，换水及清洗沙石不方便，易损伤水草根部。

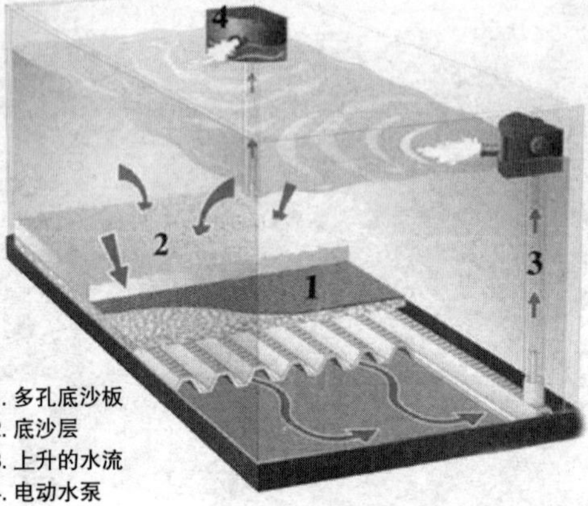

图 67 底部过滤器

（二）上部过滤器

上部过滤器放在水族箱顶部，整个过滤槽露在水族箱的外面，通过水泵将水抽出进入过滤槽，再由过滤槽底部的出水管流回到水族箱中。这种过滤箱为长方形，内放活性炭、生化石等，上面铺一层过滤棉，组合成过滤层。根据水质的浑浊度定期清洗过滤材料，防止过滤层中的空隙间因积聚过多的垃圾或污垢而影响水的循环流动和过滤效果。此种过滤器的最大优点是：杂音小，清洗方便，在过滤材料污染时，可方便地取出进行清洗。最大缺点是：体积较大，占的空间也相对大。由于水流比较急，在鱼繁殖期间，易将小鱼吸进过滤器内。因此，在鱼的繁殖季节最好不要使用。另外，上部过滤器不适用于种植水草的水族箱，上部过滤器的水流会减少水族箱中二氧化碳的滞留时间，同时过滤器的水流还会将空气中的氧气大量带入水中，使水中的溶氧量增加，会使喜好氧气的藻类大量生长，影响水族箱的观赏效果。

图 68　上部过滤器

（三）外置罐式过滤器

由一个装有介质的塑料罐和一个电动水泵组成，通常被安装在水族箱的底部。水族箱中的水在虹吸作用下经入水管进入过滤器，而后通过介质再经水泵返回水族箱。这种过滤器被广泛使用的原因在于它便于生物性、机械性和化学性介质以任何方式组合使用。有些外置罐式过滤器内部有篮筐状容器，将不同介质分隔开，而有些则不需要介质。因此，需要将不同介质用过滤绒毛层隔开或放置于网状尼龙袋中。

（四）内置罐式过滤器

由一个装有介质的罐状容器及一个位于介质上部的可浸没的水泵组成，使用时整个装置浸没在水族箱中。工作时，水族箱中的水通过侧面的孔隙被吸入过滤器，最后从靠近罐顶的水泵排水管返回水族箱。市场上有多种不同规格的产品适合较小的水族箱使用，但某些较大的水族箱可能需要两个或更多的罐式过滤器才能满足过滤要求。

（五）悬挂式电动过滤器

这种类型的过滤器在美国使用较为广泛，许多初学者偏爱使用悬挂式电动过滤器，这种过滤器由一个充满介质的塑料盒组成，使用时悬挂在水族箱的背面或侧面。

三、滤材

（一）过滤棉

过滤棉可过滤水中颗粒较大的杂质，吸收污垢，还能附着硝化细菌，分解水中有机物，具有物理和生物两种过滤功能。其为人工合成材料，不易腐烂，较耐用。当污垢在其中积存过多时，清洗后仍可继续使用，但须定期更换。

图 69 过滤棉

（二）活性炭

活性炭具有脱褪色和除臭的功能，净化水的速度快。每次使用的时间不宜太久，当缸中的水清澈无臭后，即可将活性炭取出，用盐水冲洗后放在太阳下暴晒备用。新买回的活性炭要用清水冲洗，以免将大量的炭粉带入水族箱。优质的活性炭应呈中性，无尘，易除气体。

图 70 活性炭

在用自来水又不具备储水条件时，可用活性炭快速除去水中的余氯。方法是：用一塑料瓶，瓶口装上水管，瓶底接出水管，瓶中装活性炭，利用活性炭的吸附功能将自来水中的氯气吸除，达到快速除氯的目的。

（三）生化球

生化球是人工制造的塑料球，它具有交错的网孔结构，氧气交换时对流效果好，能提供最大的生化表面积，有利于硝化细菌繁衍、生长。

（四）陶瓷圈

陶瓷圈是人工烧制的滤材，以表面粗糙的最好。它对水中的微生物、氨、蛋白质、金属元素的吸附力很强。

图 71　生化球

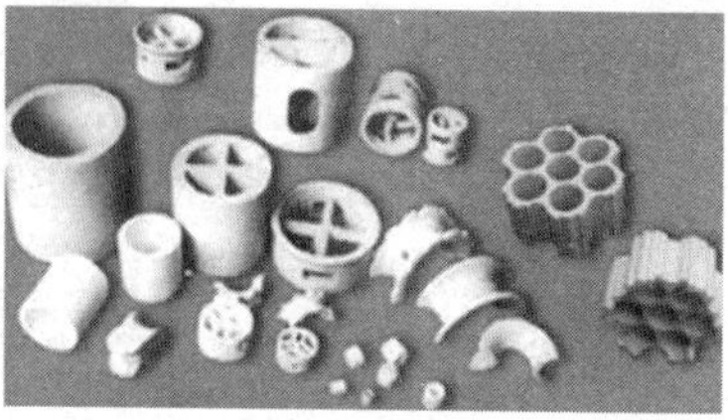

图 72　陶瓷圈

（五）树脂

以离子交换的方式吸收水中的钙和镁，具有软化水质的作用。可将布包裹的树脂直接置于滤槽中或浸入水族箱中。

（六）沙石类

沙石种类很多，如南方海滩的珊瑚沙，它会释放出碱性物质。黑、白、红、黄、蓝和绿等不同颜色的彩石有单包装的和混合包装的，依颗粒规格分成不同包装，用作鱼和水草的底沙。麦饭石是外面灰色内面白色的结晶矿石，表面密布细小的孔洞，既可过滤，又可让硝化细菌生长，是吸氨净水的好材料。沸石表面密布细孔，是硝化细菌生长和强力吸氨材料。

四、光照设备

家庭水族箱常用的光照设备主要有三种：第一种是荧光灯，分外挂式和内挂式两种，目前使用最广泛的是内挂式照明，置于全封闭水族箱内部上方，无须饲养者增配。第二种是卤素灯，一般采用悬挂式，悬挂于大型开放式的水族箱上方，通过调整悬挂的距离调节水族箱中的光线分布。第三种是金属卤素灯，既可采用内挂式，也可采用悬挂式，其穿透力强，主要用于特种水草和对光照有特殊要求的观赏鱼类。

为水族箱配备照明设备，首先要考虑所用灯源的光线流量，光线流量的测定单位称为“流明”，它是光线流量的强度单位。例如，一个 40 瓦的荧光灯，其流明值为 3000 勒克斯，即 75 勒克斯 / 瓦。

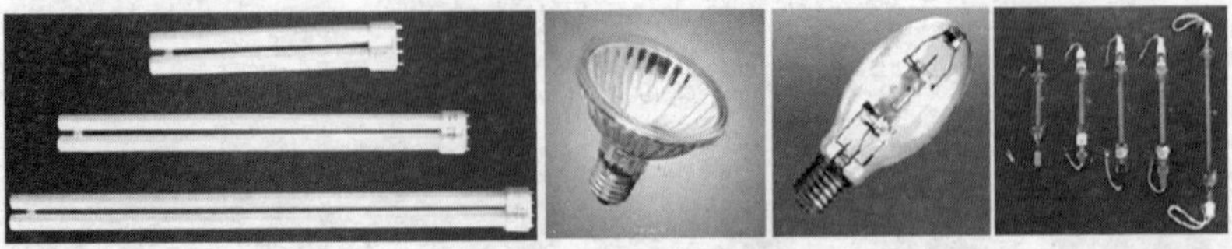

图 73　光照设备

除光源的光线流量外，还应考虑灯具的形状。长条形的荧光灯管只能照亮水族箱的表面，光线不能照入水族箱内。因此，用荧光灯作光源时，水族箱适用的最大高度为 50 厘米。圆形灯具，如水银灯或金属卤素灯，只能对水族箱的定点部位进行照明，形成部分强光区域及部分阴暗区域。对一般荧光灯光线无法达到的深度，这种光源射出的光能够达到，同时，形成的阴暗区域可供鱼休息。用金属卤素灯作为光源时，其光线可穿透到水深 80 厘米处。

五、控温设备

根据饲养的对象鱼不同，控温设备分为三种：第一种是针对温带观赏鱼类，如金鱼和锦鲤，控温只需要达到使水不结冰和促进观赏鱼食欲的目的即可，一般采用无调节装置的简单电热棒、电热丝，按每升水 0.05 ~ 0.10 瓦的功率配置。第二种是针对热带观赏鱼类，一般采用带温度调节装置的自动电热管，按每升水 0.3 ~ 0.5 瓦的功率配置。第三种是针对水草根部加热和海水观赏鱼而言的，一般用带降电压、温度调节装置的电热丝，一般把电压降为 24 伏，按每升水体 0.3 ~ 0.5 瓦的功率配置。

如果同时对两个以上的水族箱进行控温，一般采用控温仪加电热棒或电热管，如果只需要对某个水族箱单独控温，则采用电热管即可。

电热棒通常安装在水族箱壁上，加热时热量向周围水体扩散，热量分布不均匀，通过充气混合可解决一个问题。电热线一般铺设在箱底并盖以沙石，加热时，热量由底部发出，温度较高的底层水上浮，使整个水族箱的水温趋于一致，而且形成了水的对流，这比在沙石下埋设充气管（沙条）或在箱底设置过滤器，以带动箱水循环的方式要好。沙底气管或过滤器使水流的流向依照最简易的途径运行，很机械，不均匀；而通过加热底层水，使水产生密度流，使水的上下交换均匀。

配备加热器的功率时，还要考虑室温与箱内所需水温的差异，如温差在 15℃左右，按每升水 0.3 ~ 0.5 瓦的功率配置即可。值得注意的是，加温应遵循渐进的原则，当遇到气温急剧下降，切不可在几小时内将水温大幅度提高，而应在 1 ~ 2 天逐渐提高水温，否则，会对饲养的鱼造成不良影响。

六、增氧设备

（一）增氧机

根据作用原理的不同，一般分为磁力式气泵、螺旋式气泵和射流式喷气泵三种。目前采用最多的是第三种，用一台机器即可完成抽水、过滤和增氧，既方便又耐用。缺点是产生的气泡太大，气量无法控制。

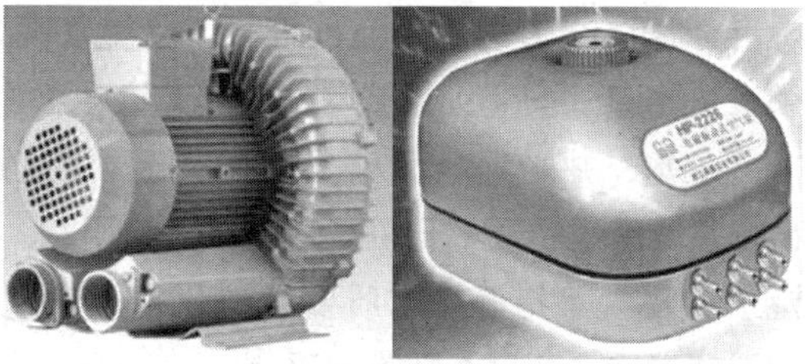

图 74　增氧机

（二）输气管和气网

主要功能是帮助送气和调节气量的大小。

（三）散气石

散气石的主要功能是帮助把气泡引到底部，同时分散气流，生成很小的气泡，提高增氧效果。

第二节　养殖用水

一、养殖用水的种类

（一）地表水

地表水，如河水、湖水、水库水，其溶氧丰富，含有大量的浮游生物，但杂质较多，浑浊，水极易变质，使用前必须经过生化过滤处理。

（二）地下水

地下水，如泉水、井水，其富含重金属离子，硬度较大，浮游生物不多，溶氧较低，须经过日晒升温以及曝气后方可用于养殖观赏鱼。

（三）自来水

自来水是饲养观赏鱼的主要用水之一，自来水水质比较清洁，含杂质少，细菌和寄生虫也少，符合卫生标准，是可靠的水源。

二、养殖用水的处理

河水、湖水、水库水等地表水中易混入对鱼有害的水栖昆虫和致病菌等，使用时须采取措施，如过滤或使用漂白粉处理使其达到使用标准。灌区渠道的水，流程较长，含氧量高，水温适宜，可采用，但须在进水口处安装细目滤网，防止有害生物进入。

泉水、井水等地下水，温度较低，溶氧量也低，有的还含有少量硫、氟等有害物质，无机盐也较多，使用时，需经过充氧、调节温度、沉淀、曝气等措施。水质要求硫化物不超过 0.2 毫克 / 升，氟化物不超过 1 毫克 / 升，否则不宜采用。

自来水在净化过程中，使用氯气或漂白粉、明矾等化学药剂，水中残留的氯气以溶解氯的形式存在，对鱼是一种毒性很强的物质。因此，未经除氯处理的自来水不能直接使用，常用曝气法去除水中残留的氯气。方法是：将自来水置于盛水容器中，暴晒、沉淀 2 ~ 3 天后再用。如马上要用自来水，快速除去自来水中氯的方法是：利用氯与一些化学药品发生化学反应去除氯，常用的药品主要是硫代硫酸钠，在 1 立方米水体中加入小米粒大小的硫代硫酸钠 100 粒，如果是 30 厘米 ×40 厘米 ×60 厘米的玻璃缸放 7 粒即可。

第四章 观赏鱼的家庭饲养技术与方法

第一节 观赏鱼的选购及运输

一、选购原则与技巧

（一）养殖种类的选择

初养观赏鱼的人最好选择耐低温、食性杂、适应性强、易饲养的种类，如温水性的金鱼、锦鲤，热带鱼中的孔雀鱼、剑尾鱼、黑玛丽等。选购观赏鱼时，要选择具有典型的种质形态特征和特性的个体，只有特征显著、种质纯正的观赏鱼才能显示出其特有的美感。要问清楚该种个体的年龄，仔细观察其体质。否则，选择个体太大，可能已是老龄的鱼；选择个体太小，可能是一批鱼中最小者，生活力最弱。应选择同批中个体较大、生活力强、体色鲜艳、体态肥满健壮、游泳活泼、无病伤，无残疾、不携带寄生虫的鱼。

（二）选购观赏鱼的原则

（1）从专业销售商处选购

选购观赏鱼应从专业销售商那里购买，商店中的鱼的种类比宠物商店更多，选择范围更广，而且这里的鱼通常比较好。好的销售商会很关心顾客的需要，会就鱼的种类和养鱼的用具向顾客提出建设性的建议。

（2）挑选耐养的鱼

如果是第一次养鱼，可挑选一些易养活的鱼，因为通过养这类鱼可使我们有时间适应养鱼的生活方式。在我们还不具备足够的饲养经验时，先不要尝试选择那些需要专业技术饲养的鱼。

（3）考虑鱼的大小与水族箱的匹配

买鱼前，先搞清楚自己的鱼缸能容纳多大、多少的鱼，在鱼商的水族箱里，那些鱼看起来也许正适合你的水族箱，但请记住：这些鱼都还只是幼小的，它们最终会长到现在身长的两倍，甚至更长一些。一些鱼幼小时的体形都相差无几，但它们长大后的体形是较大的。例如，成熟的普通金鱼的体长与年幼时相差很大，而且年幼的金鱼呈现的颜色是青铜色的。红腹水虎鱼是臭名昭著的掠食者，可长至 30 厘米。法国天使鱼可长到超过 40 厘米，其幼小时身体的图案也常与成年后不同。

（4）充分利用水族箱的空间

为了充分利用水族箱的空间，要挑选不同品种的鱼，让它们生活在水族箱中的各个水层。并不是所有的鱼的生活习性都是相同的，有些鱼类习惯于从水面吃食，一些鱼游弋在中层水位，有些鱼很少离开水箱底部。这样，通过选择各个水层的鱼，可使水族箱充分发挥效用。

不同水层的鱼可从鱼嘴的形状来判断：鱼的嘴巴朝上，说明这种鱼生活在水的表层；嘴巴在顶端，表明这种鱼生活在水的中层；嘴巴若朝下表明这种鱼生活在水的底层。

（三）挑选鱼时应注意的问题

（1）事先必须明确哪些鱼适合养在所选的水族箱中，哪些鱼需要特别的照料（比如需要喂活食）。购买之前，考虑的因素有：这种鱼对水族箱的适应程度、鱼的健康状况、是否易照顾、能否与其他鱼和谐相处。

（2）购买之前，观察其在水里是否能毫不费力地游动，并且能很容易地在水中保持位置。

（3）检查一下想买的鱼是否随时准备吃东西，也就是检查要买的鱼的食欲是否正常。

（4）淡水鱼的鱼鳍应竖起。

（5）鱼的颜色应很纯，形成图案的地方不会有其他近似的颜色。

（6）某些品种的鱼，色彩鲜艳的图案是它的特殊标志，这些图案必须与“标准”相符。

（7）从鱼的活动能力来判断，避免挑选那些沉在水族箱角落里的鱼；从鱼的鳍条舒展情况来看，不要挑选游动时将鳍贴在鱼体上的鱼；从鱼的体表来看，不要挑选那些有脓肿、病斑、肿块、伤口或鳍有裂口的鱼。

（8）最好不要仅买一尾，对养鱼爱好者而言，挑选那些能在鱼缸里和谐共处的鱼是十分重要的。许多鱼天生是群居的，因而当水族箱里没有同伴时，会变得很烦躁或变得具有攻击性。另一方面正相反，有些鱼很乐意与其他鱼分享水族箱里的空间，但却无法容忍与同种鱼生活在一起。

二、观赏鱼的运输

（一）运输方法

根据时间长短和距离远近分为短途运输和长途运输。

短途运输是指市内或市郊间，行程 2 ~ 5 小时的运输。常用的运输材料主要有塑料薄膜袋、木桶、塑料桶等。敞口运输或封闭运输，最好有充氧。运输季节多为春、秋、冬季，如果是在高温季节，特别是夏天，宜在清晨或傍晚进行，低温天气可在中午进行。

短途运输用水讲究水质的优良，这是鱼成活关键，一般选择低于老水 1℃ ~ 2℃的新鲜水。为了保证成活率，可在容器中滴加几滴双氧水或食盐水。

运输过程中要做到轻和快，不能大幅度颠簸、摇晃，以免水体剧烈运动使鱼受到惊吓。要加强观察、监测，有时因容器过小、运输时间过长、气候闷热导致水体溶氧不足，观赏鱼是否有浮头现象，并聚集于水面，此时要及时换水、增氧。

短途运输时，观赏鱼的密度比长途运输的密度大得多，中大型的鱼的密度要比小型鱼的密度低，品质优良的密度要比普通品种低。

长途运输一般是指运输时间超过 10 小时以上才能到达目的地的运输。长途运输的主要工具是飞机、火车、汽车等。

在运输方法的选择上，由于敞口运输受季节影响和行程的限制，现在很少使用。通常，长途运输须采用双层塑料袋充氧、密封运输，效果理想，成活率可达 90% 以上。

长途运输的主要流程是：根据运输时间的长短、观赏鱼体质及规格进行合理调配；观赏鱼运输前的消毒及运输容器和运输用水的选择与消毒；根据容积大小，合理装水、放鱼、充氧、封口、装箱、运输。

（二）运输时应该注意的几个问题

（1）合理密度

塑料袋装鱼的密度要结合运输时间、温度、鱼体规格及鱼的种类等因素而定，通常性情温顺、耗氧量低的鱼的运输密度可适当大些。

（2）稳定水环境

夏季要避免阳光直射，必要时在泡沫箱中添些小冰块；冬季，将装鱼的塑料袋放入泡沫塑料箱中，加放水温 50℃ ~ 60℃的保温袋。袋内装水一般占塑料袋容量的 1/5 ~ 1/4，袋内氧气不要充得过足。

（3）药物辅助

适当用一些药物辅助观赏鱼的运输，例如，在水袋中放些粗盐，不仅可杀死病原体，防止鱼患病。同时，水中添加粗盐还能降低观赏鱼对氧气的消耗，对保持观赏鱼体力有明显效果。

（三）运输后的处理

刚刚运到目的地的鱼不要急于倒入养殖容器中，因为经过运输，观赏鱼的体质虚弱，若遇到新水刺激，很容易患病，甚至死亡。所以，让观赏鱼慢慢适应新的水环境很重要，具体操作步骤如下。

（1）水温适应性调节

将塑料袋放入事先准备好的鱼缸中浸泡 10 分钟左右，使塑料袋中水的温度逐渐接近水族箱内水温，这样鱼进入水族箱内，就不会对水温产生应激反应。

（2）水质适应性调节

倒去水袋内的一部分水，然后渐渐地将水族箱内的水加入水袋（大约每隔 3 分钟加入 300 毫升 ~ 400 毫升），15 分钟后完成此操作。

（3）鱼体消毒

为防止新入箱的观赏鱼将外界的病原菌或寄生虫等有害生物带入水族箱，必须对鱼体进行消毒。方法是：在步骤 2 的水体中加入 1 克

/升的食盐浸泡 10 ~ 15 分钟。

（4）进箱

将经过上述步骤处理过的观赏鱼放入水族箱中，方法是：用捞鱼网将鱼从水袋中捞出，放入水族箱，此操作要轻而快。

如要追加投放新买的个体，应在另一容器中暂养 7 ~ 10 天，观察它们是否携带病菌。如确定是健康的鱼，才可把它们与以前投放的鱼一起饲养，以防将病原体带入水族箱，感染健康的鱼。

（5）投饵

待水族箱中的鱼适应 1 ~ 2 天后，开始投放少量的饵料，逐渐增至适量时，按常规投喂。

第二节　观赏鱼的放养原则

一、观赏鱼的品种搭配

观赏鱼的种类繁多，外形、色彩各具特色，对新手来讲，将几种鱼放在一起饲养，水族箱看起来多姿多彩，赏心悦目。选择不同种类、不同花色和不同体形的鱼混养搭配，既可增加花色品种和水族箱的景观，充分利用水中的空间，也有益于观赏。例如，金丝鱼、斑马鱼、红尾玻璃鱼、五彩金凤鱼喜欢在水的上层活动；虎皮鱼、拐棍鱼等喜欢在中层水区活动；红绿灯鱼、扯旗鱼、各种凤凰鱼喜欢在水底层活动。鲶科鱼种的鼠鱼类大多喜欢在水的底层活动，可混养在水族箱中，可作为水族箱的“清洁工”，还可以增强观赏效果。

搭配混养观赏鱼时，了解观赏鱼品种间食性与习性的差异，然后再确定能混养在一起的品种。在搭配比例上，以主养鱼为主，搭配鱼数量少，以雌雄成对为好。最好不要将大型鱼与小型鱼共养，以免争食不均，影响小型鱼的生长发育。混养搭配时有以下几点供参考。

热带鱼不可与其他鱼混养。不同品种的鱼，因产地不同对水质的要求也不同。一般来讲，热带鱼要求相对较高的水温，而金鱼和锦鲤一般无须加热，它们对水温的要求相差悬殊，如果混养在一起，哪一种鱼都不会舒适地生活。而且，热带鱼的呼吸耗氧较少，而金鱼耗氧较多，将二者混养在一起，金鱼会因缺氧而死亡。

尽量选择对水质要求相近、性格温和、食性和栖息水层互补的鱼类混养在一起，例如，各种孔雀鱼、剑尾鱼、月光鱼及玛丽鱼是最适合混养的品种。它们性情温和，不会攻击其他鱼，凡是不会伤害它们的各种小型观赏鱼都能与它们混养。

七彩神仙鱼有吞食小型鱼的习性，故不宜与其他小型鱼混养。

体色、体形、花色的搭配应和谐。例如，红绿灯和孔雀都是色彩艳丽的鱼，二者一起混养会分不清主次。

混养的鱼不宜过多。鱼太多，水族箱显得杂乱无章，最好以一种鱼为主体，再点缀少量不喧宾夺主的其他鱼。

不能把整日游动不息的鱼与安详爱静的鱼混养在一起。

吸盘鱼、食藻鱼、吻嘴鱼等摄食水族箱中的残饵，舔食箱壁上的藻类，具有很好的清洁作用，可作为混养的首选对象。

二、观赏鱼的养殖密度

合理的放养密度是保证鱼体健康的重要措施之一。放养密度大会影响鱼的活动空间，易造成鱼缺氧和水质污染。放养密度根据水族箱的大小、设备条件、鱼的种类和规格以及养鱼爱好者的经验等而定。例如，水温适宜，水草茂盛，有充氧和过滤设备，养殖者有一定经验，则可适当增加养殖数量；反之，则少养。一般来讲，养鱼密度也是有规则的，鱼体大，少养；冬季多养，夏季少养；水温低时可多养，水温高时少养。

第三节　观赏鱼的饵料

一、动物性饵料

动物性饵料的营养价值高，最符合观赏鱼自然摄食的生活方式。动物性饵料有红线虫（线虫、丝蚯蚓、水蚯蚓等），鱼虫（水蚤类、枝角类、桡足类、孑孓、小红蜘蛛等），血虫、轮虫、草履虫、面包虫、丰年虫、小河虾、蚕蛹等，这些活饵亦有冷冻饵、干燥饵等。

活饵对观赏鱼的适口性很好，蛋白质、脂肪含量高，但其个体含有70%以上的水分，会缺失某种营养素，对鱼生长、健康产生不利影响。另外，动物性活饵也存在许多缺点：①不易保存；②易夹带寄生虫和细菌；③活饵的来源和供给不能保证。④长期单独食用某一种生饵，易造成鱼体营养不均，导致鱼生病或死亡。下面对动物性饵料分别予以介绍。

（一）水蚤

水蚤，俗称红虫、鱼虫，是枝角类的总称。水蚤营养丰富，体内含有大量的蛋白质和脂肪，易消化，而且其种类多，分布广，数量大，繁殖力强，价格便宜，饲喂水蚤可使鱼体色特别鲜艳，有光泽（增色），被认为是观赏鱼理想的天然动物性饵料。常见种类有大型水蚤、溞状蚤、裸腹蚤、隆线蚤等。水蚤主要生活在小溪流、池塘、湖泊和水库等静水水体中，有些小河中数量较多，大江、大河中则较少。一年中，水蚤以春季、秋季产量最高，溶氧低的小水坑、污水沟、池塘中的水蚤带红色；而湖泊、水库、江河中的水蚤身体透明，稍带淡绿色或灰黄色。观赏鱼饲养者可选择适当时间和地点进行捕捞。水蚤丰盛时可制作成水蚤干，作为秋冬季和早春的饲料。通常，水蚤是从污染严重的水域中采集来的，不但带有大量的寄生虫、病菌，还含有过量的化学物质及重金属、毒素，是导致观赏鱼生病或慢性中毒、死亡的主要原因，因此，尽量不要用其长期喂养观赏鱼。

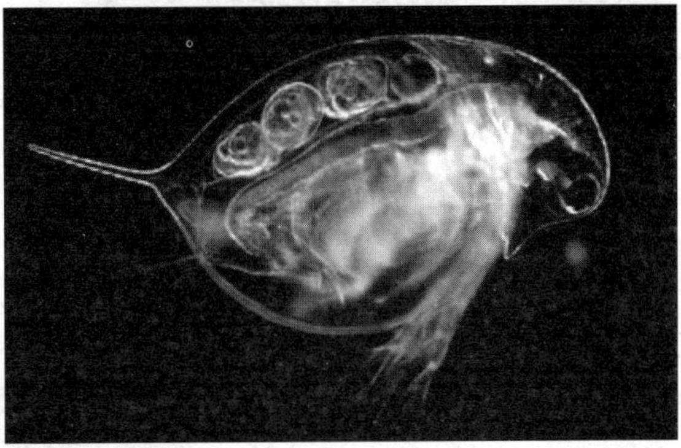

图75　水蚤

（二）剑水蚤

剑水蚤，俗称跳水蚤，有的地方又叫“青蹦”“三脚虫”等。剑

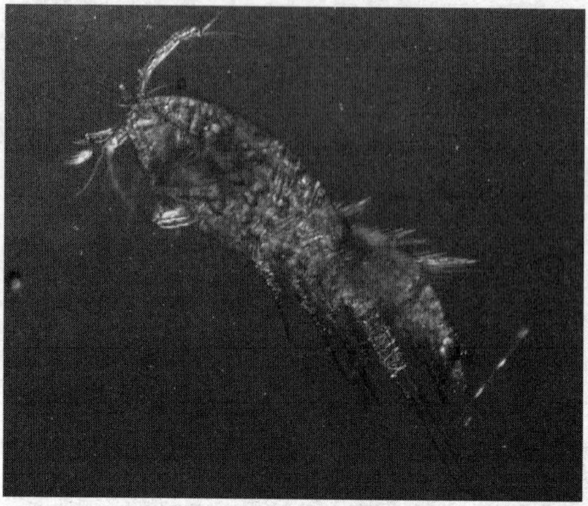

图 76　剑水蚤

水蚤体呈青灰色，营养丰富，其蛋白质和脂肪的含量比水蚤还要高，生命力强。剑水蚤体形小，能在水中连续跳动，躲避鱼捕食的能力很强，特别是幼鱼不易吃到它。另外，某些剑水蚤咬伤或噬食观赏鱼的卵和鱼苗。因此，活的剑水蚤只能喂给较大的观赏鱼。剑水蚤大量存在于一些池塘、小型湖泊中，可大量捞取，晒干备用。

（三）血虫

血虫，又称红筋虫，是摇蚊科幼虫的总称，多在静水的淤泥中生活，偶尔也在水中游动。其个体比水蚯蚓大，活体呈鲜红色、血红色，故称“血虫”。血虫身体呈圆桶形，分数节，主要生活在有机物丰富的沟渠、池塘、湖泊和水库等水体的底层中，一些养牛场、养猪场、养羊场排污水的沟渠下游处，血虫的密度特别高，富含观赏鱼所需的血红素和有关活性物质，其含量超过水蚯蚓。同时，还含有丰富的蛋白质、脂类、糖类、维生素和矿物质。欧美和日本的观赏鱼爱好者认为，血虫是金鱼、锦鲤和热带鱼的高级天然饵料。然而，鲜活的血虫带有大量致病

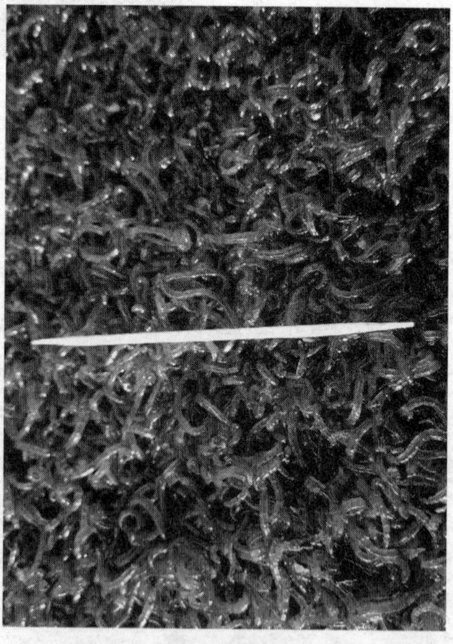

图 77　血虫

菌体和微生物，易引发鱼病，不能直接用来喂鱼。一般将购回的血虫置于干净的清水中饲养几天，一天换水 1 ~ 2 次，彻底清洗去毒，然后用药杀菌后，放入冰箱中进行冷冻处理，这样使用会较安全。血虫可不带水运输，是观赏鱼鲜活饵料中运输方法最简便的。血虫繁殖速度慢，不耐高温，仅作为观赏鱼冬季和早春的饵料。

（四）鱼虫（水蚤类、枝角类、桡足类、孑孓、小红蜘蛛、苍虫等）

鱼虫属直径为 1 毫米 ~ 2 毫米的各种小型生物，各地均有，约有 100 种。这些鱼虫都可用来喂养观赏鱼。其体色根据它们所吃的食物和环境而变化，有棕色、红棕色、灰色等。鱼虫生活在水流较缓慢、水质肥沃的水中，群集在一起，平稳、缓慢地跳跃游动。其营养丰富，不仅含有氨基酸，而且含有鱼生长、发育所必需的脂肪和钙质。但其体内、外带有各种病毒、杂菌，这些病毒、杂菌会随着它进入水族箱中，在短时间内感染所有的观赏鱼。因此，使用前必须对其反复清洗、消毒。

（五）红线虫

红线虫，俗称丝蚯蚓、水蚯蚓、红丝虫、赤线虫、线蛇等，是环节动物中水生寡毛类的总称。其含有丰富的蛋白质、脂肪和维生素，群集生活在小水坑、稻田、池塘和水沟底层的污泥中。红线虫活动时通常身体一端钻入污泥中，另一端在水中摆动，受惊后会立即缩入污泥中。红线虫个体不大，细小柔软，体鲜红色或深红色，是观赏鱼适口的优良饵料。捞取水蚯蚓要连同污泥一块带回，用水反复清洗，逐条挑出，洗净虫体后饲喂。

图 78　红线虫

（六）卤虫（丰年虫）

卤虫属甲壳类，一种使用极为方便的活饵。刚从卵孵化出来的无节幼体具有较高的营养价值，作为各种观赏鱼幼鱼的开口饵料被广泛使用（特别适合喂五彩神仙鱼、七彩神仙鱼的幼鱼）。可自行孵化投饲，只是价格稍高。长大的成虫含水分多，营养价值低，在国内水族市场并不多见。

（七）轮虫

轮虫属小型浮游生物，又称“大灰水”，常见轮虫有二十多种，外表颜色为灰白色，体长 100 微米 ~ 500 微米，在淡水中分布很广，多从池塘、湖泊、水库、河流中捞取，也可通过人工培养获得。这种水生动物体形小，营养丰富，刚出膜的轮虫是观赏鱼幼鱼很重要的饵料。

（八）面包虫

面包虫的营养价值高，富含蛋白质、钙与磷，是鱼类的最佳活饵。面包虫在蛹化及刚脱壳时，磷与钙的含量增高，鱼类摄食后，鳞片亮丽，色泽增加。亲鱼在发情产卵前喂食蛹化的面包虫，其孵化率会提高，仔鱼也较健康。面包虫主要用来饲养龙鱼和大型慈鲷鱼。

（九）冷冻红虫

冷冻红虫由生饵直接冷冻而成，营养价值高，但易夹带寄生虫，因此，建议不使用或少用。

（十）冷冻丰年虾

冷冻丰年虾有成虾和虾苗两种。冷冻丰年虾苗价位高，但营养价值高。冷冻的丰年虾的营养价值永远比不上人工孵育出的。冷冻丰年成虾的营养价值较低，但鱼儿爱吃，可与其他饲料混合喂食。

（十一）干燥红虫

干燥红虫是利用风干技术将红虫干燥，干燥红虫不带寄生虫，较冷冻生饵安全，但鱼不爱吃。

二、植物性饵料

有的观赏鱼对植物纤维的消化能力差，但它们的咽齿能够磨碎食物，植物纤维细胞外壁破碎后，细胞质可被鱼消化吸收。观赏鱼喜食的植物性饵料很多，常见的植物性饵料有以下几种。

（一）藻类

藻类分浮游藻类和丝状藻类，前者是观赏鱼苗的良好饲料。观赏鱼对硅藻、金藻、黄藻等消化良好，也能消化绿藻、甲藻，不能消化裸藻、蓝藻。浮游藻类生长在各种小水坑、池塘、沟渠、稻田、河流、湖泊、水库中，使水呈现黄绿色或深绿色，可用细密布网捞取。

丝状藻类俗称青苔，主要指绿藻门中的一些多细胞个体，通常呈深绿色或黄绿色。观赏鱼通常不吃着生的丝状藻类，这些藻类往往硬而粗糙。观赏鱼喜欢吃漂浮的丝状藻类，如双星藻、转板藻等，这些藻体柔软，表面光滑。漂浮的丝状藻类生活在池塘、沟渠、湖泊、河流的浅水处，各地均有分布。丝状藻类只能喂养个体较大的观赏鱼。

（二）芜萍

芜萍，俗称无根萍，是浮萍植物中株型最小的一种。整个芜萍为椭圆形叶体，没有根和茎。芜萍是多年生漂浮植物，生长在小水塘、稻田、藕塘、静水沟渠等水体中。芜萍营养成分好，蛋白质、脂肪含量较高，还含有维生素 C、维生素 B 以及微量元素等，用来饲养观赏鱼效果很好。必须注意的是，饲喂前要仔细检查是否有害虫，必要时用浓度较低的高锰酸钾溶液浸泡后再投喂，杜绝使观赏鱼带上病菌和虫害。

（三）小浮萍和紫背浮萍

小浮萍俗称青萍，植物体为卵圆形叶状体，左右不对称，个体长 3 毫米 ~ 4 毫米，生有一条很长的细丝状根，为多年生漂浮植物。小浮萍通常生长在稻田、藕塘、沟渠等静水水体中，可用来喂养个体较大的观赏鱼。紫背浮萍呈紫色，长 5 毫米 ~ 7 毫米，宽 4 毫米 ~ 4.5 毫米，有 7 ~ 9 条叶脉，5 ~ 10 条小根，通常生长在稻田、藕塘、池塘和沟渠等静水水体中。

（四）蔬菜类

蔬菜不是观赏鱼的主要饲料，仅作为补充饲料，以使观赏鱼获得大量的维生素。可作为植物性饵料的蔬菜有很多，如菠菜叶、莴苣叶、小白菜叶、豌豆苗、豇豆丁、土豆丁、甘薯丁和胡萝卜丁等。用蔬菜作为观赏鱼的植物性饲料必须注意三点：首先，投饵量要尽量少，以免污染水质，在观赏鱼饥饿时投喂；其次，投喂前应浸泡一段时间；再次，要挑选富含维生素和矿物质、略带甜味的蔬菜作为植物性饲料。

（五）豆腐

豆腐富含蛋白质，营养丰富。豆腐柔软，易被观赏鱼咬碎吞食，对大小鱼都适用。但在夏季高温季节，不喂或尽量少喂，以免剩余的豆腐碎屑腐烂分解，败坏水质。

（六）饭粒、面条

观赏鱼能够消化吸收各种淀粉食物，可将干面条切断后，用沸水浸泡至熟，或煮沸后立即用冷水冲洗去黏附的淀粉后投喂。饭粒也须用清水冲洗，洗去小的颗粒，然后投喂。

（七）饼干、馒头、面包等

这类饵料可弄碎后直接投喂，投喂量宜少。被鱼吃剩的细颗粒和观赏鱼排出的粪便悬浮在水中，形成不沉淀的胶体颗粒，易使水体浑浊，还易引起水中低氧或缺氧。

三、人工饲料

人工饲料丰富多样，是最值得推荐的饲料。与天然饲料相比，人工饲料来源稳定，可一年四季生产，按观赏鱼生长发育不同阶段的营养需求调整饲料配方，既满足了观赏鱼不同阶段的营养需要，又降低了养殖成本。可根据季节变化添加一定量的药物防治一些常见鱼病，从而提高观赏鱼的成活率。可添加一些生物色素，使鱼体色素加深，增强鱼体的观赏价值。经过高温处理，可杀灭一些病原菌。人工饲料的性状一般因养殖模式、养殖规模和饲养者饲养习惯的不同而不同，主要有沉性饵料、浮性饵料、半浮性饵料、硬颗粒饵料、膨化颗粒饵料、软颗粒饵料、薄片状饵料。家庭饲养观赏鱼的水体较小，为防止残饵污染水质，以膨化颗粒饵料、半浮性颗粒饵料或薄片状饵料为主。随着科学技术的发展，还有一些专门针对观赏鱼的口味、营养、视觉特别设计的饲料。饲喂人工饲料时，最好是多种料搭配，以保证营养丰富。人工饲料主要分为以下几种。

（一）成长薄片饲料

薄片状的饲料由40多种不同原料制成，营养价值高，极易被鱼吸收，可促进鱼健康、迅速地生长。薄片饲料较适合小型鱼使用，如孔雀鱼、短鲷、灯科鱼等，喂食方便，但残料分散缸底不易捞除，积存时间长易造成水质污染。

（二）增色薄片饲料

饲喂增色饲料，可保持鱼体鲜艳颜色与光泽，或增加自然的艳丽色彩，适用于淡、海水鱼类。

（三）高蛋白薄片饲料

在普通的薄片饲料中添加碘质、海藻、糠虾、丰年虾以及一些浮游生物，适用于大型慈鲷鱼科热带鱼以及海水鱼中的蝶鱼、神仙鱼食用。

（四）蔬菜薄片饲料

蔬菜薄片是所有草食性鱼适合的植物性饵料。

（五）鱼苗饵料

鱼苗饵料是一种粉末状饵料，营养丰富，主要用于饲喂刚刚孵化的幼鱼。适用于淡、海水鱼类。

（六）高蛋白颗粒饵料

含有重要营养素、维生素、微量元素，适合饲喂不同类型的大型鱼类。

（七）高蛋白条状饵料

具有独特的悬浮性，适合饲喂表层觅食的鱼类。适用于淡、海水鱼类。

（八）粘贴饵料

可方便地将它粘贴在水族箱壁上，便于观察鱼群的疯狂觅食和生长状态。

（九）锭状饵料

适合饲喂鲶科、鼠科等底栖鱼类，也可饲喂海水无脊椎生物中的海葵和部分珊瑚，甚至还可用来饲喂乌龟、蜥蜴等爬行动物。

（十）干燥丰年虾

营养丰富，含有丰富的胡萝卜素，可增强鱼的体色，促进幼鱼对蛋白质、脂肪的正常吸收。适用于淡、海水鱼类。

（十一）维生素制剂

可补充饲料中缺少的维生素，适用于幼鱼成长，对病鱼恢复、种鱼繁殖也非常有好处。适用于淡、海水鱼类。

（十二）膨化饲料

膨化颗粒饲料经过高温、高压的制作过程，完全熟化，杀菌效果好，在水中至少可维持3小时以上的完整颗粒，是污染水质最小的饲料。由于该类饲料主要由淀粉类原料制作，营养价值低，难以满足肉食性和杂食性鱼对蛋白质、氨基酸及各种维生素的营养需求，不适用于肉食性和杂食性鱼类。

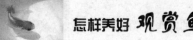

第四节　金鱼的饲养与管理

一、金鱼的选购技巧

一般来讲，金鱼变异越大，品种越珍贵。鉴别同一品种中不同个体的优劣，主要是根据品种特征仔细观看躯体各部分长得是否匀称、色泽是否鲜艳、尾鳍是否端正及双尾等判断。下面就观赏鱼一般性状的优劣鉴别介绍如下。

龙睛：各种龙睛金鱼的眼球要凸出于眼眶之外，并且是左右对称的最好。若两眼大小不一，位置不对称，即使其他性状再好也不是优质的龙睛鱼。

高头：头顶上的肉瘤发达丰满，越大越好，位置要正中，只限于头部。

狮头：整个头部的肉瘤越发达、丰满越好，由于肉瘤的皱褶，出现隐约可见的“王”字者最为理想。

绒球：以鼻膜发达的肉叶长成球形，球体致密而圆大，紧贴鼻孔且左右对称，鱼游动时略有摆动，像一束花装饰在头部一样，非常雅致者为上品；球体疏松、大小不一者为次品。

水泡眼：水泡以圆大匀称、泡软透明、左右对称且无任何倾斜现象者为佳品；水泡小、左右不匀称者为次品。

朝天眼：以眼球翻转而朝天，乌黑、圆大且左右对称者为佳。

龙眼：眼大而圆，像算盘珠凸出于眼眶且左右对称者为佳。

透明鳞：体表光滑明亮，不见鳞片分布者为佳。

珠鳞：鳞片向外凸起，排列整齐且粒粒清晰，没有掉鳞者为佳；如珠鳞不整齐且掉鳞者为次品。

正常鳞：排列整齐、体表光滑者为佳。

背鳍：如果是高头种，具有完整而无残缺的背鳍，鳍条要硬朗、发达，挺直如帆，以高而长者为佳；如是蛋种，则没有背鳍，其背脊光滑平坦，无残鳍，也无棘刺凸起，脊椎平直或近尾柄处稍弯曲，躯体端正对称者为佳；如介于两者之间，背脊上有残鳍和凸起者为次品。

尾鳍：尾鳍的长短因品种而异，如果是长尾金鱼，鳍膜稍薄，游动时鳍条宽大展开，停止游动时，其状如裙；短尾金鱼，鳍膜稍厚，鳍分叉成四开尾，以展开四尾且左右对称、无残缺者为最好；不匀称的为次品。

胸鳍：变异不大，只有长短之分，且通常是对称的。

臀鳍：有单鳍、双鳍、上单下双、残臀鳍和无臀鳍，残臀鳍和无臀鳍为次品。

体长：以体形圆、凸短者为佳，体形细长者为次品。

体形：端正、肥胖均匀，既不能瘦弱，也不臃肿。

颜色：金鱼体色的好坏是判别金鱼优劣的重要因素。因每个人的喜爱不同，很难有统一的标准，可随个人的爱好挑选。

一般来讲，红色金鱼有大红、玫瑰红、橘红等，以从头到尾全身通红似火、鳞光闪闪，色泽遍及全身者为上品，红黄色或黄色次之，浅黄色又次之。黑色金鱼要乌黑如墨，以永不褪色且无任何斑点相杂的为好。黑色金鱼常有褪色现象，由黑色变成半红半黑的红黑花，或是身体已褪为橙红色而鳍边缘黑色，好像很美，其实不久也会变成全红色；蓝色、紫色金鱼的颜色比较稳定，很少褪色。蓝色金鱼色泽稍暗，有深蓝色彩的，光泽稍强。紫色金鱼色泽鲜艳，像栗子般遍及全身。五花鱼要五花齐全，以蓝色为多，五彩斑斓者为佳品。古铜色、金色要求体色青光闪耀，颇似古铜色泽。花斑金鱼要求鱼体上的斑块形状各异，细小而清晰，色泽匀称，杂而不乱，十分美丽者为上品。各类红头金鱼以全身纯白，头部为红色且端正、对称者为上品。

除挑选性状外，还要注意鱼体是否健壮，腹部是否鼓起，从群中挑选那些一边找饵料吃，一边贴缸底游动、合群的鱼，才是健康的鱼。如果鱼游动时有气无力，表现疲倦，这种鱼就不能买。凡是离群独游的多是有病、不健康的，色泽再好，也不能买。当看到个别鱼离群，鱼头朝上尾朝下，游到水面呼吸，这是浮头现象，这种鱼对水中的溶氧非常敏感，易因缺氧而死。患有消化系统疾病的金鱼，粪便为断断续续并伴有黏性的分泌物，严重时鱼不进食，腹部膨大，腹腔积水。患有寄生性鱼病的金鱼较为常见的是鱼虱和锚头蚤，由于这两种寄生虫的虫体较大，很容易发现。带有上述病症的金鱼都不宜选购。另外，带有明显缺陷的金鱼也不能选购，如鱼的一边鳃不动，一尾太歪，或水泡一大一小者等。金鱼身上长红点、白点、白毛，鳃内发黄，鳍部充血者也不宜选购。金鱼以“闲静、文雅、飘逸”而闻名，因此，对它们的动态也有讲究，一般要求金鱼游动时姿态柔软、优美，不能有歪扭一边、侧扁、倒悬等不雅形态。总之，挑选出来的金鱼要健康无病，色彩鲜艳，具有各品种的特征，否则会影响观赏效果。

二、养殖器材

用于养殖金鱼的器材有瓷缸、玻璃缸、玻璃水族箱、自控封闭循环水族箱等。其中，家庭养殖金鱼普遍采用的是玻璃水族箱。金鱼与其他观赏鱼最大的不同点在于，它的游动能力大大低于其他观赏鱼，因此，金鱼的生活习性使我们在选择、使用水族箱时必须考虑滤材或配置器材回水时水流的冲击力，尽量减少冲击力，使水缓缓流入箱中。因为大水流、大气流的冲击无疑对娇宠的金鱼是不适宜的，气泵的气石一般选择出气细密的条形气石或在出气管安装气量调控装置。

水族造景可大大提高欣赏观赏鱼的情趣，达到鱼、草、景相映，赏心悦目的效果。每位养鱼爱好者可根据自己的愿望尽情发挥和施展才艺，但水族箱内饰物的选用必须以不伤及鱼体、不影响金鱼健康为原则。那些含有异味、刺激性的、易产生金属氧化物、影响水质的饰物，如含铁的石材布景或有锋利棱角的饰品，特别是对水泡、绒球、珍珠等易造成鱼伤害的都不可用作金鱼水族箱饰物。水族箱造景多采用沉木、贝壳、太湖石、石笋石、沙积石、鹅卵石及各种赏石等。

金鱼有吞噬水草的习性，因此，植入金鱼养殖器材中的水草宜选择韧性较好和不易被鱼咬碎的，如金鱼藻、黑藻、狐尾草、苦草（韭菜草）等北方水草。一些热带阔叶或韧性较好的水草也可用于室内金鱼水族箱的布置。水草的种植数量根据个人的取向而定，以鱼衬景，是以景为主体，可多植入些水草；以景衬鱼，以草为点缀，则可少植入些。即便是鱼衬景，也不可过量植入水草，若水草过多会在夜间无光合作用时与鱼争氧而发生意外。

另外，金鱼养殖器材的日常管理须根据水质状况、投饵情况、放养密度及时清洗或更换，保持过滤系统清洁、有效。

三、放养密度

一般来讲，长 1 米左右的水族箱，放养 10 厘米左右的 6 ~ 8 条金鱼较合适；而珍珠、蝶尾、水泡等名贵的金鱼品种，饲养密度要相对小些。夏天，由于水中溶氧少，放养密度较小为好。另外，如果是形体、色彩优异的金鱼品种，最好是低密度放养，适当增加投饵，水温低时可多养，水温高时少养。总之，金鱼的放养密度以不缺氧、不浮头为准则。

四、品种搭配

在实际饲养中，为增加花色品种，增添水族箱中的景色，常混养不同种、不同花色和形体的鱼，这是饲养观赏鱼的一个特色。要把水质要求相近、性情温和的鱼混养在一起。同时，注意花色、品种的搭配不宜太多，避免杂乱。搭配比例，可以主养鱼占多数，搭配鱼占少数，搭配鱼以偶数和雌雄成对为好。还要弄清它们的性格特点，不能让整日游窜不息的鱼与极其安详、爱静的鱼混养在一起。如果不清楚搭配混养鱼类的特点，或者只听说能够混养，在搭配不同品种入箱时，先观察几天，弄清楚观赏鱼的性格，然后再作搭配。

五、日常管理

（一）养殖用水及处理

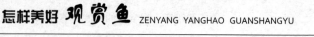

水是鱼赖以生存的环境，水质直接影响鱼的生长。水质包括水的硬度、酸碱度、溶氧度等。河水、井水、泉水都可以用来养观赏鱼，但要达到饮用水的标准。饲养用水以低硬度水（15° ~ 18° ）、弱碱性水（淡水 pH 为 7.2 ~ 7.5）、碱性水（pH 为 8.1 ~ 8.3）、溶氧量较高（7 毫克 / 升 ~ 8 毫克 / 升）、清洁水（150 ~ 200 个细菌 / 立方米）为宜。

金鱼生活在温带地区，属广温性鱼类，对水的适应性强。因此，河水、湖水、井水、泉水、水库水等均可用来饲养金鱼。地表水中溶氧丰富，有大量的浮游生物，但杂质较多，浑浊，水质极易变质，使用前必须采取过滤等措施。井水和泉水含矿物质多，大多为硬水，溶氧较低，要经过暴晒升温及曝气后方可用作养殖用水。城市中的自来水取用方便，水质比较清洁，含杂质少，细菌和寄生虫也少，适宜用作养金鱼的水源。由于自来水是经过氯气或漂白粉消毒处理的，残留有少量的氯气，对鱼体有害，使用之前须在太阳下暴晒 24 ~ 48 小时，让氯气挥发掉，或在每立方米水体中加 2 ~ 3 克大苏打（硫代硫酸钠），即可中和水中氯离子。此外，暴晒还可起到调节水温、降低水酸碱度和硬度的作用。

（1）水温与光照

金鱼对水温的要求不高，可适应幅度变化较大的水温，在 4℃ ~ 35℃的水中也能生存，最适宜水温为 15℃ ~ 18℃。健康的成鱼温差不宜超过 ±5℃，健康幼鱼的温差不宜超过 ±3℃，生病鱼的温差不宜超过 ±1℃。

适量的光照对鱼甲状腺分泌机能具有促进作用，有利于鱼的生长发育，但过量的光照会适得其反。光照对水质转化有重要作用，并可促进鱼的体色变化，日光中的紫外线还具有一定的杀菌作用。金鱼在幼鱼阶段对光照的要求较严格，出膜后 1 个月内光照度应达到 10000 勒以上，每天光照时间不得少于 12 小时；出膜后第二个月内光照度应达到 8000 勒以上，每天光照时间不得少于 10 小时；出膜后第三个月内光照度应达到 5000 勒以上，每天光照时间不得少于 8 小时，否则将直接影响到金鱼色素细胞的发育和形成。因此，家庭水族箱饲养金鱼时不宜选择太小的金鱼，一般选择体长 10 厘米以上的金鱼，光照度要达到 3000 勒左右，每天保持 6 小时以上的光照。此外，为防止色素细胞的减少，饵料中要适当加入营养物质。在缺乏阳光的水族箱内安装 15 瓦 ~ 25 瓦的紫光灯，每日照射数小时，有利于鱼体健康。

（2）溶解氧

水中溶氧量直接关系到鱼的生长，过高或过低都对鱼的生长不利。幼鱼期，当天气闷热时，溶解氧必须在 5 毫克 / 升以上，一般情况下，溶解氧在 4 毫克 / 升以上，患病鱼应置于溶解氧为 6 毫克 / 升以上的水中饲养。适时充氧，定期定量换水，也可增加水中的溶氧量和提高水的透明度。

（3）pH

饲养金鱼的水的 pH 应当保持在 6.5 ~ 7.2，这是因为淡水中这个 pH 范围不会引起氨中毒，而且在这个 pH 范围内单细胞藻类不会滋生，水的透明度也较高。另外，淡水中的硝化细菌在弱酸性环境下能够很好地进行水处理。在室内饲养金鱼，这个 pH 范围既不易造成金鱼死亡，又能保持最佳的观赏效果。唯一需要注意的是，千万不要突然晒太阳，否则水中植物强烈的光合作用会引起 pH 的骤然上升，分子氨的毒性会加大几十倍，易导致金鱼死亡。

家庭饲养金鱼时，硫化氢、氨氮（分子氨）及过多有机物等易导致有害细菌滋生，使金鱼活力下降，免疫力降低，最终引起死亡。此外，需要特别注意的是，有害物质的毒性与水体的 pH 息息相关，对分子氨来说，pH 低于 6.5 时，几乎不会产生毒性；当 pH 达到 8 时，毒性则比 pH 为 6.5 时高好几百倍。就硫化氢来说，pH 为 6.5 时是 pH 为 8 时的毒性的 1000 多倍。因此，要特别注意 pH 变化造成的毒害。

（4）硬度

金鱼对硬度的要求与一般鲫鱼相近，家庭饲养不必做特别的硬度调试。一般来讲，大多数金鱼还是适应在高硬度的水中生长的，因为

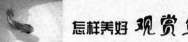

高硬度的水有助于保持金鱼的色彩。高硬度的水对珍珠鱼尤为重要，它对珍珠鳞的形成和维持起着十分重要的作用。金鱼不同阶段对硬度的要求分别是：稚鱼要求水体硬度为 16.4° ~ 18.7° ，幼鱼在为 14° ~ 16.4° ，成鱼为 11.7° 。如果水族箱长期不换水，水的硬度会逐渐下降，最终会影响金鱼颜色发育。一般来讲，要将水体硬度维持在一个相对高的范围，每周应换水 1/3。

（二）饵料种类及饲喂

1. 饲料

金鱼属杂食性鱼，稚、幼鱼为杂食性偏动物性，成鱼为杂食性偏植物性。金鱼的饲料包括动物性饲料、植物性饲料和配合饲料。由于金鱼的生长要求既要增肉，又要形成色素，故对饲料的需求比一般食用鱼类复杂。

（1）动物性饲料。动物性饲料指生长在池塘、湖泊等自然水域中，个体较小的生物，是金鱼最为喜食的、营养丰富的传统食料，主要包括轮虫、枝角类、桡足类、丰年虫幼体以及各种蚊蝇类的幼虫。这些食料不仅为金鱼提供生长所需的营养物质，其中所含的活性物质对金鱼颜色的形成起着十分重要的作用。在此类食料中，效果最好的是枝角类（俗称鱼虫、红虫），其中，以多刺裸腹溞最为理想，但此类食料的数量十分有限，需从自然界获得。这种食料优点很多，但带一些病原体，处理不好易造成观赏鱼发病死亡。饲喂之前要进行漂洗，洗掉杂质和污泥，再用 0.05% ~ 0.1% 的呋喃西林溶液消毒 30 分钟左右，杀灭其带的细菌，然后再饲喂。

（2）植物性饵料。植物性饵料包括金藻、蓝藻、黄藻、硅藻、甲藻、裸藻、绿藻和轮藻等浮游植物，芜萍、小浮萍、大浮萍等漂浮植物，还有麦芽、胡萝卜、南瓜、甘薯、苦草、空心菜等。这些植物性食料富含类胡萝卜素，饲喂这些饵料，可提高金鱼的体质，增强抗病能力，同时保证金鱼在家庭水族箱饲养环境中体色不发生变化。这类食料的饲喂方法十分简单，只需将其放入打浆机中打碎成芝麻大小，再用纱绢网滤去浆水，取渣饲喂即可。需要特别注意的是，饲喂这类食料有时需要一定的过渡和驯化，刚开始投喂量一定要少，然后逐步增加，如金鱼拒食，可适量加入鱼虫、鱼肉或虾肉一起打浆，使食料带有腥味，以促进金鱼的食欲。这类食料制作过多时，放入冰箱中冷藏，可一次制作，多次使用，十分方便。

（3）配合饵料。根据金鱼的生长发育对营养的需求，利用多种饲料原料、维生素和矿物盐等成分，加工配制成大小、密度、软硬度均适合金鱼要求的全价配合颗粒饲料，以减少饲料在水中的损失，提高饲料利用率。粒径、色泽、均匀度、水中稳定性和适口性是判断颗粒饲料质量好坏的标准，一般要求颗粒饲料新鲜，营养合理，转化率高。此外，金鱼的配合饲料中还应添加促进金鱼色素细胞生长的物质，如虾青素、蟹黄素、胡萝卜素及微量元素等。

根据金鱼不同的发育阶段、季节、温度变化，以及金鱼的健康状况等调整饲料配方。如幼鱼生长阶段、亲鱼繁殖前后，要适当调高蛋白质的比例；越冬前，适当增加碳水化合物和脂肪的含量，还可加工成防病、促生长和着色等功效的颗粒饲料。

2. 饲喂方法

（1）定时

每天饲喂要定时，不要什么时候想起来就什么时候饲喂。最好在白天饲喂，因为白天鱼摄食后，有较多的时间活动，有利于鱼体健康。幼鱼的饲喂次数要比成鱼多些，成鱼 1 ~ 2 次 / 天，幼鱼 3 ~ 5 次 / 天。

（2）定点

每次饲喂的位置要固定，不要想在哪里撒料就在哪里撒，使鱼养成到固定点摄食的习惯，以便观察鱼的动态，察看鱼的吃食情况。

（3）定质

每次饲喂的料要新鲜，营养均衡，不能含有病原体和有毒物质，保证不使鱼病从口入。家庭水族箱养鱼，一般买小包装的料，因为饲料都有一定的保质期，一般要在 3 ~ 4 个月内用完。鱼的饲料要多样化。总之，购买鱼饲料时，要根据所饲养鱼的种类、成长阶段选购适合的饵料。

给金鱼饲喂活饵料或冰鲜、生鲜料时，料携带的病原微生物易在水中滋生，导致微生态失调，使水质败坏，致使金鱼患上急性细菌病或急性寄生虫病。预防鱼疾病发生的主要措施是对鲜活料、冰鲜料、生鲜料进行严格的消毒，其次是增氧，加大循环水量，用氧化剂或专用杀虫剂对水体消毒。

饵料成分不当也会影响水质。若饵料的营养成分不全、不足或金鱼对饵料营养成分吸收不足，会导致金鱼生长不佳，甚至越养越瘦。同时，还会引起单一的营养成分在体内无法实现有机同化，就被排出体外，最终引起水体中有机物增加，导致水质败坏。因此，如只给金鱼喂面条或米饭，或饲喂营养不全的料，金鱼不但生长不良，而且极易败坏水质。若料变质，甚至发霉，金鱼摄食后，会在短时间内排便，出现“泻肚子”现象，使水质败坏，易导致金鱼患病。

（4）定量

每次投喂的量要适当，让鱼在5 ~ 10分钟内吃完较好。饲喂量太多，沉入水底的饵料会腐烂而败坏水质。要做到少吃多餐，绝对不能让鱼吃得过饱，鱼吃得过饱会长得过胖，影响观赏效果。此外，饲量过频易引起金鱼肠炎，肛门处拖着长长的粪便，甚至停止进食，免疫力下降，引发烂鳃等疾病，甚至突然死亡。为此，可用一个固定的食勺掌握饲料量，或直接用饲料包装里赠送的食勺来喂鱼。

换水量超过水体的 2/3 时，应减少投饵量，否则易引起金鱼消化不良。饲料的种类以最易消化的枝角类为好，3天以后再饲喂配合饵料。

刚开始饲养的金鱼应多投动物性活饵，少量多次，饲喂量随着时间的推移慢慢增加，一般一周左右，饲喂量才可达到最大值，千万不能根据金鱼的食欲决定投饵量。

（三）清污与换水

俗话说“养鱼先养水”。那么，养成怎样的水就算好水呢？一般认为，油绿而澄清的水是养金鱼的好水，养金鱼者称之为“绿水”，其含有丰富的藻类，是金鱼很好的辅助饲料，水体溶解氧也多，以此水养金鱼，鱼体健壮，色泽浓艳。

水族箱或鱼缸中鱼的排泄物、残饵等污物会每天增加，如清除不及时、不彻底会发酵、腐败，产生有毒物质。为此，须及时清污与换水，保持“绿水”不变质。换水量与换水频率以水族箱的大小、鱼的数量、过滤系统有益微生物繁殖状况、饵料的种类等综合考虑，通常每 20 ~ 30 天需换一次水，换水量为总水量的 1/4 ~ 1/3。

换水时提前 5 分钟切断照明、加热、充气、过滤所有设备的电源，移出加热棒等器件，利用虹吸管抽取沉淀在珊瑚沙上的污物和水中的杂物，清洗沉淀在加热器上的碳酸钙，并将珊瑚放入清水中浸泡一段时间，然后加至原水位，放回所有物件，打开电源，观察各设备运行是否正常。

水族箱底床过滤沙蓄积过多污物时会阻碍水的流通，影响过滤效果，此时须清洗整个水族箱。新设立的水族箱每年清洗一次，旧水族箱每 4 ~ 6 个月清洗一次。清洗程序及要领与换水时相同，抽水时水族箱底部要保留 7 厘米深的水，捞出鱼后利用底层水清洗珊瑚沙和底部过滤板，然后抽出脏水，重新铺好过滤底层，布设好原有器件及装饰品。将抽出的水倒回水族箱，未达到水位的部分，用新水补足，开启气泵增加溶氧，30 分钟后水变得澄清，将鱼放回。添加新水时，须沿着缸壁将水徐徐注入，以防将鱼冲得四处翻滚。

（四）疾病预防

观赏鱼发病后食欲基本丧失，治疗起来比较困难，尤其是幼鱼期，更是如此。因此，对观赏鱼病的治疗要按照“无病先防，有病早治，防治结合，防重于治”的原则加强管理，防患于未然，才能防止或减少鱼死亡造成的损失。

目前，对鱼疾病的预防措施有：改善饲养环境，消除病害滋生的温床；加强鱼种检验检疫，杜绝病原体传染源的侵入；加强鱼体预防，培育健康鱼种，切断传播途径；通过生态预防，提高鱼体体质，增强抗病能力。

1. 做好消毒工作

（1）水族箱消毒

如果鱼缸、水族箱中的鱼发生过传染性疾病，必须用 10 克 / 立方米的漂白粉消毒。先将观赏鱼转移到别处，消毒 4 ~ 5 天后将消毒水放掉，用自来水冲洗干净后，方可养鱼。如果鱼缸、水族箱发生过寄生虫性鱼病，必须用 8 克 / 立方米的硫酸铜消毒 5 ~ 7 天，也可用 10 克 / 立方米的福尔马林消毒 5 ~ 7 天，方可养鱼。

（2）鱼体消毒

新购进的鱼与原饲养的鱼混养时先进行鱼体消毒，在易发生水霉病、车轮虫病、小瓜虫病的季节，每次换水都要消毒鱼体。目前，用于鱼体消毒的药物很多，家庭养鱼由于条件所限，可用常规鱼体消毒法，即淡水鱼先用 3% 食盐水浸洗，隔 1 天后再用 2ppm ~ 3ppm 呋喃西林或呋喃唑酮或 10ppm 高锰酸钾浸洗 5 ~ 10 分钟；海水鱼用淡水浸洗，隔 1 天后再用呋喃西林或呋喃唑酮浸洗。

（3）工具等消毒

新的工具及久未用过的工具须消毒、浸泡、洗净后再用，为了避免病原体传播，所用工具、网具应有两套，正常的鱼缸用一套，发病的鱼缸用另一套，绝不能混用。不同的发病鱼缸，病原体也不尽相同，因此，工具每用过一次要消毒。工具、网具消毒的药物用 20 克 / 立方米浓度的呋喃西林（或呋喃唑酮）溶液浸泡 30 分钟，或用 8 克 / 立方米浓度的硫酸铜浸泡 20 分钟。其他的药物，如漂白粉、高锰酸钾等也可用于消毒，杀菌效果好，但对网具有腐蚀或染色，最好不作为消毒剂。

放置在水族箱中的所有物件，如珊瑚沙、石英砂、卵石、加热棒等也须进行严格消毒。

2. 细心操作，避免鱼体受伤

换水、捞鱼时要趁鱼不备，准确下网。换水时避免水流冲击鱼体，并做好消毒工作。

3. 保证饵料质量，定时定量饲喂

（1）保证饲料质量

饲料质量不仅关系到鱼的生长发育，也影响金鱼的体色。饲料要新鲜、清洁、适口，发霉变质的饲料不能喂鱼。从野外捞取的水蚤、摇蚊幼虫有可能带有病原体，用其饲喂易使鱼致病。因此，饲喂一般鲜活的食料时要进行消毒。可用 10 克 / 立方米浓度的高锰酸钾溶液浸洗 10 分钟，或用 10 克 / 立方米浓度的漂白粉溶液浸洗 5 分钟，然后用水冲洗，洗掉药液后饲喂。

（2）饲喂要做到定时、定点、定质、定量

根据鱼体大小、摄食和生长情况定时、定量饲喂，不要随意多喂、少喂，更不要几天不喂。根据季节、气候等情况调整饲量。

（3）饲料的合理配比

根据观赏鱼不同生长阶段对营养的需求，适时调整料的种类和数量，确保培养出健壮活泼、色泽鲜艳、体态优美的观赏鱼来。

不同的观赏鱼种，饵料的动植物原料配比不同。例如，金鱼是以动物性饵料为主的杂食性鱼，植物性饵料占多大比例才合适，动物、植物性饵料的合理配比是多少，有人通过长期实践得出的结论是：动物性饵料占 70% ~ 80%，植物性饵料占 20% ~ 30%，按此比例制作的饵料喂养的金鱼生长快，体质好，疾病少，发育好，能够正常繁殖后代。若植物性饵料所占比例过大，尤其是面条、米饭、面包等过多，金鱼生长缓慢，颜色不鲜艳，性腺发育不良，产卵量减少，严重者可导致不育。

4. 水质管理

用自来水时须暴晒除氯，勤排污、除粪、换水，必要时洗沙，彻底清箱换水时，新、老水的温差不超过 0.5℃ ~ 1℃，昼夜温差大时，要采取措施，防止水温升降过大。

5. 疾病治疗

（1）药浴与养殖水体施药

这是目前治疗鱼病最常用的方法。药浴是将病鱼放入药液中浸浴一定时间，而后捞出，放回养殖水体中。药浴时，先用少量鱼试验，观察反应。若发现任何不良反应要停止治疗。药浴时，要求水中溶解氧充足，避免水温波动。治疗前，将病鱼停饲 12 ~ 48 小时。药液要现用现配，在原饲养水体中施药，要求药液的浓度较低，使鱼能长时间忍受。不要晚上施药治疗，因为晚上下药后，人去休息睡觉，或光线暗淡，不易发现药浴过程中病鱼的反应，极有可能发生意外，造成鱼死亡。

（2）内服药饵

病鱼能吃食时可内服药饵，将药物混入明胶糊中，拌在饵料上，待吸附、干后饲喂。现用现配，以免失效。

（3）注射

对于患有较严重细菌性疾病的金鱼，可采用腹腔注射和肌肉注射两种治疗方法，注射法限于6.6厘米以上的鱼体。注射治疗时，药量不能过大，用链霉素或卡那霉素注射。每尾大金鱼腹腔注射5～10万国际单位，通常仅注射一次。在注射过程中，如遇金鱼挣扎、扭动时，应快速拔出针头，不要强行注射，以免伤到金鱼，待金鱼安静后再注射。注射前，针头要用酒精消毒，没有酒精时可用火烧一下针头。注射后，没用完的药可下次再用，但不要长期保存，最多保存两三天。

（4）局部处理

鱼虱和锚头蚤是金鱼较为常见的寄生性鱼病，这两种寄生虫的虫体较大，很容易看出来。生有寄生虫的鱼在水中表现得焦躁不安，少食并消瘦，虫体寄生在鱼体各部位，呈白线头状。鱼体表灰暗，无光泽。对锚头蚤病的治疗，如果数量不多时，可用镊子去除，然后用1%高锰酸钾涂抹虫体部位，每天一次。数量较多时，用高锰酸钾浸洗病鱼，水温为15℃～20℃时，用10ppm～20ppm的浓度浸洗1小时，每天一次，3天即可见效。也可用呋喃西林全池（缸）泼洒，水温20℃以下用1.5ppm～2ppm；20℃以上时，用1ppm～1.5ppm，约一周后，锚头蚤就会全部死亡。

（5）改变水体理化性质

通过改变水温或酸碱度，使病原体不能生存，达到治疗的目的。例如，通过逐步调高水温，使小瓜虫不能生存。

第五节 锦鲤的饲养与管理

一、锦鲤的选购技巧

（一）仔鱼筛选法

仔鱼是指2厘米～3厘米的鱼，筛选购仔鱼需要一定的技术。

因大批量购入仔鱼，其中能得到的好鱼其实不多。许多人不注意筛选，将购买的仔鱼与精力旺盛、生命力强的原种鲤养在一起，易造成不良后果。

具体筛选法是，在孵化后 1 ~ 3 个月内进行 3 ~ 4 次筛选。第一次筛选时去掉畸形、变形等；第二次筛选要尽早淘汰花纹不良者，淘汰劣质鲤，保护良质锦鲤。

（二）稚鱼选购法

选购红白、大正三色、昭和三色时，要选择红斑纹位置好者，因为红斑纹很少有大的变化。另外，斑纹边缘清晰、色彩浓厚者才有更好的饲养价值。

如稚鱼色彩太淡薄，虽然花纹漂亮，但不易上彩。最好不要选取黑斑较大而多者，因黑斑会随锦鲤的生长而集中变大，然后褪化和分散。因此，应选择白底上隐约可见的黑斑纹者为宜。

除注意花纹外，体形不可太过瘦小，变形、畸形、有外伤或患病的鱼是绝对不可选购的。另外，想要选择良好的稚鱼，第一要看种鲤的素质是否优良，第二要凭经验鉴别，白质、红质、黑质必须优良。随着鱼体成长，发现一些褪色和体形有异者应及早淘汰。

有经验者善于观察锦鲤的优劣，如头部骨骼较大，呈圆形，尾部粗壮者及背鳍、胸鳍成白色者为佳，不可有红斑、黑斑。大正三色黑斑不可太多，胸鳍上最多可有 3 条左右的黑条纹。

（三）幼鱼选购法

幼鱼是指 15 厘米 ~ 35 厘米的鱼。幼鱼和成鱼的花纹差异大，如大正三色，幼鱼期外观很美，花纹漂亮，成鱼因斑纹之间的距离过大显得不协调。有时幼鱼体表上的大花纹看来不太协调，然而长成大鱼后，增加了适当的白底，反而变得漂亮。

大正三色、昭和三色是以红斑为中心，素质及花纹良好者为佳。最重要的一点，对所有品种而言，要购买长大后素质高的幼鱼，第一点要求头部骨骼粗大，体形圆滑；第二点是尾基部要粗。

德国鲤的特征是由大鳞构成的花纹变化，以及无鳞的皮肤上的鲜明斑纹。德国锦鲤幼鱼期非常漂亮、华丽，长成成鱼后，花纹过分鲜明，缺少稳重感。德国鲤大多以锦鲤为基本，背脊上及腹部中央两行大鳞排列整齐且无赘鳞是最理想的。

幼鱼期的雄鲤生长较快，红黑斑纹浓厚，斑纹边缘鲜明，长大后，雌鲤远比雄鲤丰满。因此，想要得到好的大型鱼应选择雌鲤。

选购幼鱼时，不购买病鱼或畸形的鱼，要特别注意幼鱼是否与其他的鱼一起行动；是否离群静止不动；有无鳃病，呼吸是否急促；有没有寄生虫，有没有细菌性疾病；体色有无病态，游动起来是否有力。

（四）中、大型鱼选购法

中型鱼是指35厘米～55厘米长的锦鲤，也就是3～4年龄鱼，其色彩最艳丽；大型鱼是指体长55厘米以上的鲤鱼，大型鱼的颜色及体形均已完成。

中、大型鱼一般为已完成品或接近完成品，也就是说，这些较大型鲤多数在大型水池或室外土池中饲养，生长较快，但红、黑斑不甚鲜艳，必须再经过水池饲育一段时间后色彩才能变得更鲜艳。

由于室外水池水质稳定，适宜育成大型鲤。因此，日本多数养鱼爱好者喜欢将自家的锦鲤寄养在业者的水池中饲育，到秋天清池时再带回家中饲养，欣赏。

二、养殖器材

锦鲤作为一种大型观赏鱼，不仅可在池中饲养，也可在水族箱中饲养。观赏锦鲤主要在于它华丽的色彩、刚健的体形、优雅的动作及群泳的美姿。观赏锦鲤宜从背面，即斜上方观赏最佳，若从侧面观赏则逊色许多。

饲养锦鲤的水族箱要根据家庭条件选择。由于锦鲤的生活习性与金鱼不同，其体形大，活动力强，所以，选择的水族箱不宜太小，一般容水量不小于60千克。饲养较大体形的锦鲤，水族箱还要适当加大，容水量不小于200千克。为了保证水中有充足的氧气和水质的清洁，水族箱要配置滤水器和增氧泵，饲养锦鲤数量较多的水族箱可采用空气压缩机或大功率、输出量大的气泵供气，中小型水族箱或饲养锦鲤数量不多时，可采用专门的电动微型空气压缩泵送气。另外，水族箱中还要有足够的照明设备，以满足观赏需要。

三、养殖密度

锦鲤对放养密度与金鱼相近，没有热带鱼要求高。从水族箱的大小、水温、水量、充氧状况、鱼体大小、生长状况等综合因素考虑，合理放养。一般讲，以 10 厘米左右的锦鲤为标准，如水族箱规格为 60 厘米 ×30 厘米 ×15 厘米，最多可放养 6 条锦鲤；水族箱规格为 90 厘米 ×30 厘米 ×50 厘米时，最多可放养 8 条锦鲤；水族箱规格为 110 厘米 ×30 厘米 ×50 厘米时，最多可放养 10 条锦鲤。

四、品种搭配

锦鲤是一种高档的大型观赏鱼，素有“水中活化石”“观赏鱼之王”的美称。近年来，养殖锦鲤的人越来越多，如何搭配锦鲤品种才能更好地提升锦鲤的观赏价值一直是困扰养鱼爱好者的一个问题。

锦鲤品种的搭配首先要了解锦鲤品种有哪些，每个锦鲤品种的颜色有哪些。常见的红白、大正三色、昭和三色、白写，它们的颜色有红色、白色、墨色，剩下的锦鲤品种中，写类有绯写、黄写，又多出黄色；浅黄背上的少许鳞片呈现淡蓝色，又多出淡蓝色；黄金鲤中又多出带有金属质感的黄金色；变种鲤中的紫鲤、绿鲤、茶鲤、空鲤又多出四种颜色。可根据自己喜好的颜色挑选锦鲤。在户外饲养锦鲤时，一般以红白、大正三色、昭和三色、黄金或白金、秋水、浅黄等锦鲤搭配；在水族箱中，人们只能观赏到锦鲤的侧面，一般选择锦鲤鱼体会反光的品种，如黄金、白金、松叶黄金、山吹黄金等锦鲤，再搭配德国鲤。无论是饲养在户外还是水族箱中，大多以色彩鲜明的锦鲤为主，颜色较暗、有光泽且优雅的为辅。除了要考虑锦鲤颜色的搭配外，还要了解每个锦鲤品种的性格。比如，将水质要求相近、性情温和的鱼混养在一起等，不能让整日游窜不息的鱼与极其安详、爱静的鱼混养在一起。如果不清楚混养鱼的特点，可先混养观察几天，弄清楚观赏鱼的生活习性后再作搭配。

一些养鱼爱好者将锦鲤作为风水鱼，认为丹顶旺运，黄金旺财，大正三色旺桃花，红白锦鲤福满堂等，饲养者可根据自己的想法搭配饲养。

五、日常管理

（一）养殖用水

锦鲤对环境的适应性较强，但难以适应水温的急剧变化，温差不能超过 2℃ ~ 3℃，水温骤然下降或升高易生病。锦鲤最适生活的水温为 20℃ ~ 25℃，在这样的水温环境中，锦鲤游动活跃，食欲旺盛，体质健壮，色彩鲜艳。锦鲤适宜生活在微碱性、硬度低的水质环境中，以泉水最好，其含多种矿物质元素和其他成分，能增加鱼体色素，使锦鲤体色更加鲜艳。

锦鲤个体较大，耗氧量也大，一般情况下，溶解氧在 5 毫克/升以上。水族箱容积相对小，水体中溶氧量随着锦鲤的呼吸、活动时间延长而逐渐下降，水中二氧化碳含量逐渐增加，使水质恶化，鱼会因缺氧而“浮头”，须及时用增氧机充氧。

（二）饵料种类及饲喂

1. 锦鲤的饲料

锦鲤的饲料可分为动物性饵料，如草履虫、鸡蛋黄、轮虫、面包虫、蚯蚓、水蚤、线虫、小虾和血虫等；植物性饵料，如菠菜、螺旋藻、芹菜等；人工配制饲料，如专用锦鲤增色饲料、颗粒状饲料等。常用颗粒饲料有浮性和沉性两种，喂食上浮性的饲料可观赏到鱼群争食的情景，增添饲喂锦鲤的乐趣。无论哪一种料，除考虑锦鲤是否爱吃之外，还要考虑料的营养价值。根据锦鲤在不同生长阶段对营养成分的需要，适时调整饲料的种类和数量，确保培育出健壮活泼、色泽鲜艳、体态优美的锦鲤。饲喂动、植物性饵料前，要仔细检查是否有害虫，必要时用适当浓度的高锰酸钾溶液浸泡后再饲喂，防止带入病菌和虫害。

锦鲤是以动物性饲料为主的杂食性鱼，在饲养中，植物性饲料占多大比例，动物、植物性饵料的合理配比是多少，有人通过长期实验得出的结论是：动物性饵料占 70% ~ 80%，植物性饵料占 20% ~ 30%，按照此比例配制喂养的锦鲤生长快，体质好，疾病少，发育好，能正常繁殖后代。若植物性饵料所占比例过大，尤其是面条、米饭、面包等饲喂过多，锦鲤生长缓慢，颜色不鲜艳。

2. 饲喂

饲喂锦鲤要遵循"定时、定点、定质、定量"四定原则，具体投喂方法与金鱼相同。在饲养锦鲤的过程中，可适当饲喂一些锦鲤喜食的富含 β－胡萝卜素和类胡萝卜素的蔬菜和瓜果，如南瓜、胡萝卜、甘薯、菠菜、空心菜、新鲜玉米粒等，也可饲喂一些动物性的虾、蟹肉丁。这样，锦鲤色彩会更鲜艳，在强光照射下闪闪发亮，抗病力也会明显增强。

（三）清污与换水

锦鲤的排泄物、吃剩的饲料等常沉积在水中，经微生物分解发酵后易使水质变坏。同时，锦鲤的尿液的主要成分是氨，对锦鲤有害，换水是减少水中氨含量的措施之一，根据实际情况及时换水。

1. 全部换水

全部换水时关掉饲养器材的电源，先将池水放掉一部分，再将锦鲤捞至与原水温相近的容器中，开启增气泵增氧，防止换水时间过长锦鲤出现缺氧。然后把缸内的全部污水放掉，取出鹅卵石、水草清洗消毒，具体方法是，用 1% 淡盐水浸泡 30 秒或用 0.1% 高锰酸钾溶液浸泡 5 分钟。同时，将缸四周玻璃上的污物冲洗干净，尤其是观赏面玻璃上的渍锈用一点去污粉擦洗干净，并用少量浓盐水或高锰酸钾溶液浸泡冲洗锦鲤缸，进行消毒后再冲洗干净，注满新水（指经日晒 2 ~ 3 天的自来水或按每 50 千克自来水中投放米粒大的大苏打去氯后，静置半天以上的自来水）至原水位。对水体中的锦鲤用 1% ~ 2% 的盐水浴洗 5 ~ 10 分钟，随后把水草、鹅卵石按顺序放好，再把锦鲤放入缸内即可。换水次数控制在冬天每月或更长些时间一次，夏天 10 ~ 15 天一次。一般情况下不采取全部换水的方法，以防因水质差异使锦鲤产生不适应而发生意外。捕捞操作时要特别小心谨慎，以免因创伤而引起水霉病。是否换水以及换水量的多少视水质情况而定，肉眼观察水色呈黄色或粉灰色时，闻之发臭、酸腥时，须及时换水。

2. 一般换水

一般换水是指平时每隔 1 ~ 3 天换水 1 次，主要是用吸管吸除锦鲤缸内的粪便、残料和陈水，吸除水量掌握在 1/10 ~ 1/4，如水质不良时，多则吸除 1/3 ~ 1/2，然后徐徐注入等温、无氯的新水。也可将过滤器放入锦鲤缸内，每天定时开 1 ~ 2 次，每次 1 ~ 2 小时。这样既可保持锦鲤缸水质清洁、良好，又可减少一般换水和彻底换水的次数。

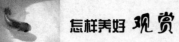

在换水的过程中，要掌握轻、慢、稳，避免损伤锦鲤体表，更不能用力搅拌缸内的水，以防止水压力损伤锦鲤的内部组织。在加注新水的过程中，水流要慢，以免流速过大，产生冲击力损伤锦鲤体表。

（四）疾病预防

“防重于治”是防治鱼病的原则，做到这一点，鱼的发病率和死亡率会显著降低。锦鲤生活在水中，人们不易察觉它们的身体状况，一旦生病，难以治疗。

当鱼病严重时，通常失去食欲，内服药物治疗难以实施，外用药常常受到药液浓度和药浴时间的限制，而且有些鱼病到目前还没有十分有效的治疗方法。因此，在锦鲤的饲养过程中，一定坚持“无病先防，有病早治，防重于治”的原则，这样才能达到防止或减少锦鲤因疾病死亡造成的损失。

1. 注意日常观察

对锦鲤的日常观察非常重要，可及时发现有病的个体或发病前期的鱼，观察部位主要有体表、鳃部、眼睛、嘴巴、鱼鳍等，这些都是鱼易发病的部位。正常锦鲤体表光洁鲜艳，沉浮自如，食欲旺盛，体腹端正，鱼鳍舒展。有病的个体，离群独游，神情呆滞，投饵不食，体色暗淡，体表黏液增多，仔细观看体表有白点或棉絮状菌丝或皮肤充血红肿等，鱼群聚集缸角或相互挤在一起，这都是发病的前兆。

2. 了解锦鲤的发病原因

锦鲤鱼的发病原因很多，有些因寄生虫感染所致，如鱼虱、锚头蚤、白点病等，有些因细菌感染引起的疾病，如穿孔病、鳃腐病等，有些因伤口寄生水生菌引起的疾病，如水霉病等。大部分疾病是由于饲养者、管理不当引起的。

3. 锦鲤疾病预防

（1）鱼池、缸体消毒。定期进行清洗和消毒，用 2ppm 的高锰酸钾溶液浸泡鱼缸或鱼池 5 分钟左右，然后用清水洗净，并用清水长时间浸泡后才能使用。

（2）水体消毒。不管是水族箱还是鱼池的水体，经过一段时间饲养锦鲤后会积累许多有机物及悬浮颗粒，造成水质下降，病原体增加。因此，必须对水体进行定期消毒，特别是在鱼病流行季节。目前，普遍使用的杀菌消毒剂为 1ppm 漂白粉，杀虫剂为 0.2ppm 敌百虫。

（3）鱼体消毒。新购入的锦鲤可能带有一些细菌和寄生虫，如不及时除去会传染给其他健康的鱼。因此，新鱼要经过药浴隔离后才能放入养殖水体中，具体方法是：用 5% 的食盐水药浴 5 ~ 10 分钟。药浴时，要随时注意观察锦鲤的状态，如有浮头、呼吸困难、窒息、失去平衡、休克等现象，应立即停止药浴，将鱼放回池水中。

（4）工具消毒。凡是养鱼使用的工具，如抄网、水瓢、过滤器等都要定期清洗、消毒、晾晒。最简单的方法是用开水烫一下，或在日光下暴晒，最好用鱼缸消毒的方法进行浸泡消毒。

（5）饲料卫生。鲜活饲料要反复冲洗，洗去杂质，保证新鲜，如有必要可作冷冻处理，人工饲料要放置在干燥通风处存储，以防发霉变质。

（6）切断传染途径。发现患有传染病的锦鲤要及时捞出，单独治疗，避免大规模的传染，原池也要进行消毒。病鱼用过的工具不能给健康鱼使用，以避免交叉感染。另外，饲养密度过大，水质混浊，锦鲤也易生病。

4. 锦鲤疾病治疗

由寄生虫引起的疾病有以下几种。

（1）小瓜虫病（白点病）

症状：初期症状是，锦鲤胸鳍和身上出现小白点，向全身蔓延。后期体表似覆盖一层白色薄膜，黏液增多，体色暗淡，鱼体消瘦，游动缓慢，常群集于角落或礁石处不断磨蹭，试图摆脱寄生虫。如果寄生虫在锦鲤鳃内，使其无法呼吸，即使是大型鱼有时也会死亡。

治疗方法：小瓜虫繁殖的适宜水温为 15℃ ~ 25℃，当水温降到 10℃以下或升到 28℃时，虫体发育停止。在鱼发病初期将水温提高 2℃ ~ 4℃，突然升温会使小瓜虫死亡，达到不药而愈的目的。除采用升温的办法外，还可用浓度为2ppm的亚甲基蓝溶液对鱼体进行药浴，连续数天，直至病情好转。

（2）锚头蚤病

症状：病鱼焦躁不安，食欲减退，鱼体消瘦，游动缓慢，雌虫头部钻入宿主肌肉中，造成肌肉组织损伤、发炎，溃疡。当锦鲤口腔内有大量虫体寄生时，口腔不能闭合，鱼因无法摄食而死。

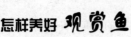

治疗方法：锚头蚤个体较大，肉眼可看到，易寄生在锦鲤腹部或鳍的根部，锚头蚤寄生部位的鱼鳞发红，很容易判别。可用镊子直接将虫体拔出，寄生部位用红药水涂抹伤口，然后放入另一干净的鱼盆内，用0.2ppm的敌百虫溶液或3%的食盐溶液浸泡30分钟左右。

（3）鱼虱病

症状：感染鱼虱的锦鲤焦躁不安，奋力挣扎，急游或擦底，想摆脱虫体，身体分泌大量黏液，食欲减退，被咬伤的部位和鱼身的擦伤会引起感染和水霉。

治疗方法：鱼虱个体较大，可达4毫米~5毫米，肉眼即可看到，是锦鲤最容易得的一种寄生虫病。可用镊子将锦鲤身上的寄生虫逐一拔除，然后将鱼放入另一干净的鱼盆内，用0.2ppm的敌百虫溶液浸泡30分钟左右。

（4）车轮虫病

症状：病鱼有擦底和缩起鱼鳍的动作，锦鲤鳃部被病原体侵袭后喜欢在水表面或池边游动，身体瘦弱，体色较深。

治疗方法：将锦鲤放入另一容器内，用2%食盐溶液浸洗10分钟，每天一次，连续数天，直至病情好转。

将锦鲤放入另一容器内，用0.2ppm的敌百虫溶液药浴病鱼1小时左右，每天一次，连续数天，直至病情好转。

由细菌引起的疾病有以下几种。

（1）赤皮病（出血病）

症状：鱼体表没有大面积溃疡、脓肿，只有鳍基、鼻孔等明显发红，显现血丝，后期伴有腹水和烂鳃。

治疗方法：水质不洁、外伤、饲料变质等都会引起此病，一年四季均可发生。可在原缸（池）内用 2ppm 的呋喃西林溶液浸泡病鱼，连续浸泡数天，直至病情好转。

（2）肠炎

症状：鱼厌食，粪便异常，一般呈白色拖于身后，病情恶化后，出现腹胀，肛门及鳍根出血等症状。

治疗方法：此病一般因锦鲤吃了不洁或腐败变质的饲料造成的。在原缸（池）内用 4ppm 的呋喃唑酮（痢特灵）溶液浸泡病鱼，或喂食含有大蒜粉的饲料。

（3）细菌性烂鳃病

症状：锦鲤的烂鳃病多发生于幼鱼期，病鱼鳃部常充满黏液，鳃丝和鳃盖表皮均有充血现象，鳃丝由红变白，逐渐腐烂并带有污物，最后发展到全鳃。病鱼表现出呼吸困难，鳃急速开合，浮头，不久会因失去呼吸能力而死亡。

治疗方法：此病因水质不洁引起。可将锦鲤放入另一容器中，用 2ppm 呋喃西林或高锰酸钾溶液浸泡病鱼 20 ~ 30 分钟，每天一次，连续数天，直至病情好转。用硫酸铜泼洒全池，使水体硫酸铜浓度达到 0.7ppm，每天泼洒一次，连续数天。

（4）烂尾、烂鳍病

症状：第一种情况是，从鳍边开始腐烂，向内延伸；第二种情况是，从鳍中央部分开始腐烂，向四周蔓延。病情恶化后，鱼全身皮肤充血，如果再感染其他病菌，会导致死亡。

治疗方法：此病由柱状黏球菌和霉菌共同作用所致，感染有两种途径：一是因为养殖密度过大，过滤功能不理想，鱼的代谢废物积累，引起致病菌滋生，使鱼感染；二是因引进新鱼或换水后，因水质差异或鱼紧张造成鱼体不适，使表面黏膜分泌异常，鱼鳍边缘因薄弱而感染。为此，清洗过滤器并往（池）缸内添加少许食盐，同时停止喂食数天。原缸（池）内用 0.2ppm 高锰酸钾溶液浸泡病鱼，连续数天，直至病情好转。

（5）打印病

症状：开始时表现为象赤色的外伤，继而表皮出现圆形或椭圆形破损，周围充血红肿，形状像一个印记，伤口进一步恶化时肌肉发炎腐烂，甚至露出骨头和内脏，致使鱼体十分瘦弱，严重时会死亡。

治疗方法：此病是由点状产气单胞菌引起的。水质不洁，鱼的抵抗力弱都会引起该病的发生。可用 2ppm 的呋喃西林浸泡原缸（池），连续浸泡数天，直至鱼病情好转。用呋喃西林或高浓度高锰酸钾与凡士林调和后涂抹病鱼患处。平时要对病鱼加强营养，增强其抵抗力。

（6）穿孔病

症状：这种疾病的症状是在鱼体上开孔，里面的肉腐烂、充血，就好像用汤匙挖开一般，一个孔遍及数片鱼鳞。发生的部位大多在体侧、背部、尾柄。严重时，可看到鱼骨。就算痊愈，再生鳞也不会整齐，降低观赏价值。

治疗方法：此病由鱼害黏球菌引起，传染性极强。穿孔病发生的原因是长期喂食不新鲜的饲料，或在低水温下持续不断喂食高营养的饲料引起的，这种疾病常发生在初春。将锦鲤放入另一容器中，用 3% 食盐溶液浸洗 5 分钟，每天一次，连续数天，直至病情好转。也可将锦鲤放入另一容器中，用 2ppm 的高锰酸钾溶液浸洗 10 ~ 15 分钟，每天一次。也可用呋喃西林和凡士林调和后，涂抹于锦鲤患病部位。

（7）竖鳞病（松鳞病）

症状：病鱼食欲不振，游泳无力，整个鱼体膨胀、浮肿，眼球外凸，全身鳞片张开，像松塔一样。严重时，体表出血，鳞片脱落。

治疗方法：当锦鲤体表受伤、患有其他疾病或水质不洁引起鱼抵抗力下降时，病菌侵入致病，每年春季较流行。患病初期，每尾锦鲤腹腔注射 30 毫克硫酸链霉素，发展到后期则难以治愈，即使治愈，色彩、光泽、体态也不如以前好看。

由霉菌引起的疾病如下。

水霉病：

症状：病鱼身体或鳍条上有灰白色如絮状的菌丝，严重时菌丝厚密，鱼游动迟缓，食欲减退，终至死亡。

治疗方法：此病由水霉菌引起，这种水霉菌在水温低的环境中会迅速繁殖，在浑浊的水池内，即使水温高也会滋生。水霉菌的感染多因外伤引起，只有锦鲤体表组织受到损伤时，它才会附着在受伤部位，不会附着在健康的鱼体上。受到外伤或患有锚头蚤的病鱼特别易受到水霉的侵袭。因此，须尽快在伤口上涂药。将锦鲤放入另一容器中，用 1ppm 的高锰酸钾溶液浸泡鱼体 20 分钟，每天一次。治疗个体时，可用紫药水擦拭伤口或在身体局部附着绵状物。

由病毒引起的疾病如下。

痘疮病：

症状：发病初期，病鱼体表出现许多白色小斑点，上面覆盖一层白色块状黏液。随着病情的发展，白色斑点的数量不断增加，区域不断扩大，鱼病灶部位的表皮逐渐增厚，形成石蜡状的增生物，形状好似痘疮，称之为“痘疮病”。痘疮发展到一定程度会自然脱落，接着又会在原患病部位再次出现新的痘疮，最终使锦鲤消瘦而死。

治疗方法：此病由疱疹病毒引起。该病流行于冬季及早春低温（10℃～16℃）时，水温升高后会逐渐自愈。可采用升高水温及适当降低饲养密度的方法进行治疗。也可用氯霉素治疗，每尾病鱼肌肉注射 25 毫克，同时用 0.2ppm 氯霉素水溶液药浴，有一定疗效。

其他疾病。

感冒：

症状：各鳍萎缩，对着水流无力摆动，喜趋近热源。严重时，锦鲤漂于水面，体色黯淡，身体瘦弱。此时易患白点病、水霉病等并发症。

治疗方法：此病由换水或兑水不当、昼夜温差过大，对锦鲤造成冷刺激所致。尽量避免对鱼的冷刺激，将水温提高 2℃，保持此水温静养数天，同时往水体中加 1‰的食盐。如果有并发症，用 2ppm 的呋喃西林浸泡病鱼，直至病情好转。

第六节　热带鱼的家庭饲养

一、热带鱼的选购原则与技巧

（一）热带鱼的选购原则

热带鱼包括鱼类中众多的科属品种，加之自然演化和人工培育，热带鱼的体形、花色、个性和泳姿奇异纷繁。有的体形婀娜优美，宛若处子；有的色彩缤纷，应接不暇；有的体纹斑驳，变幻无穷；有的形态怪异，行为神秘；有的喜欢成群结队；有的喜欢成双入对，俨然夫妻；有的生性好斗。例如，神仙鱼体形俊俏，花色高雅，泳姿姗姗，仪态万千，潇洒、娴静，真是超凡脱俗，不愧天使神仙之美称，它曾在德国热带鱼爱好者中引起轰动和狂热，冠以“皇后鱼”美称。宝莲灯鱼、珍珠玛丽等，体表好似披珠宝、钻石般璀璨闪烁。接吻鱼虽无迷人的外表，却两鱼亲吻，独树一帜。孔雀鱼的花纹色彩千变万化，美丽无比。地图鱼游向投食者去接食，大神仙鱼对人为骚扰表示出极大的愤怒，别有一番情趣。有些大型鱼还懂得与主人亲善，这些都是选择时应考虑的问题。孔雀鱼的选购与众不同，孔雀鱼体形细小，挑选起来要仔细一点，挑选颜色艳丽、尾鳍长大、各鳍发育完善的个体。

当然挑选热带鱼的基本原则是一样的，首先是所选的鱼要健康。健康的鱼主要是从动作、色彩、斑纹及游姿等方面考虑，不要购买患病、携带病菌、尾鳍和脊椎伤残的鱼。其次是活动力强。游动活泼有力，舒展自然，精神饱满，各种不同的鱼要尽可能显示出它的特征和美感。颜色不好，鱼鳍无法展开，游姿像是在漂浮的鱼不要购买。另外，体形太大的鱼往往不易适应新环境的变化，不会轻易进食，如诱食不成功会导致死亡。体形太小的鱼，如无时间照顾也易死亡。

（二）热带鱼的选购技巧

初次饲养热带观赏鱼者要选择易养的品种，即耐低温、对水质要求不严、杂食性、适应性强的品种，如孔雀鱼、剑鱼、黑玛琍、金丝鱼等。孔雀鱼的适应性很强，能耐受13℃的低温水体，水温降至10℃时也不会死，在没有充氧设备的水族箱中生活良好，繁殖力很强，有“百万鱼”的美称。其卵胎生，每个月或隔月繁殖一次，雌雄易区别。其食性广，易饲养，许多初次饲养热带观赏鱼者皆从饲养孔雀鱼开始，以逐步积累饲养经验，有人认为孔雀鱼是打开热带观赏鱼之门的钥匙。

1. 孔雀鱼的选购

（1）看体表

尽量挑选身体没有外伤的，更严格一点，最好整缸里都没有受伤或死亡的孔雀鱼，免得将病源带回家。新鱼下缸时，最好不要将鱼店的水倒入鱼缸中，也不要将新买进的孔雀鱼和已经饲养一段时间的孔雀鱼养在一起，而是将新买回来的孔雀鱼在检疫缸中先隔离检疫，目的就是为了避免新买来的孔雀鱼将病菌带入鱼缸，造成原养的孔雀鱼死亡。

（2）看鱼鳍

挑选孔雀鱼时，要挑选各鳍完整张开的，如果鱼鳍紧缩，表明孔雀鱼已经不太适应环境了，或是水中的细菌量已经过高，如在买回来的过程中又有很大的变动，不久就会死亡。

（3）测胃口

通过给鱼喂食测试鱼的健康程度，如果孔雀鱼抢食饲料，表明鱼体良好。

（4）看肛门

观察孔雀鱼的肛门部位，看是否有一分岔状的红色凸起或有肿起，如果是的话表明鱼体内有寄生虫，这样的鱼不要购买。从外表看得出来的已经算是成虫了，但体内是否有虫卵或幼虫无法从外表看出，而且初期几乎没有任何异常状况，一旦带有寄生虫的孔雀鱼进入鱼缸，极易传染到每一只健康的孔雀鱼，问题就很麻烦了。

2. 七彩神仙鱼的选购

七彩神仙鱼有许多品种，不同品种价格差别很大，甚至是同一品种，不同大小，色泽纹路、健康活泼程度等不同，价格差别也很大，上等的七彩神仙鱼价格更是不菲。所以，选购时不能只听价格，一定要仔细观察鱼在水中的姿态表现、体形等，如有条件，能观察到它们前一代更好。如能着重把握以下几点就不会有大的闪失了。

（1）眼睛要红。

（2）眼睛与身体的比例要恰当，不要太大，眼睛比例过大，表明鱼已过于老化，或者说，该长而没有长大。

（3）眼睛要亮。鱼眼亮，表示鱼健康状况良好。

（4）鳍要完整且张开。完整而张开的鱼鳍表明鱼正常，没有畸形。

（5）体形要圆。此体形将来才能长成漂亮的鱼形。

（6）身形要薄。特别是幼鱼，鱼身太厚，成长速度较慢。

（7）体色明亮。体色较暗可能鱼体质较弱，或是疾病的征兆。

（8）呼吸正常。鳃开合正常且左右一致，开合过快或开合不对称，可能鳃部有寄生虫或鳃组织已受损害。

（9）游动敏捷。动作敏捷的鱼体质较强健，易饲养。

（10）食欲良好。索饵勤快的鱼不但体质好且适应力强，购回家后也易适应新的环境。

（11）粪便结实。粪便结实，表明鱼消化功能好。

（12）不要选购性激素（荷尔蒙）处理过的鱼，否则会影响今后的繁殖，如果只是用于观赏则不必考虑此点。

（13）大小一致。尽量选大小一致的鱼，不要选条最大的，避免在水族箱中称王。

（14）系出名门。其母代有比较好的表现。

（15）无严重病史。其上一代或其渔场无严重病史记录。

3. 鹦鹉鱼的选购

目前，鹦鹉鱼有两个大的品种，即血鹦鹉和金刚鹦鹉。血鹦鹉俗称红财神、财神鱼，其全身鲜艳通红，有着胖嘟嘟的体形和柔柔的鳍条。

（1）通体要血红，没有黑点和杂色，越红越好，但要红得自然。

（2）体形要浑圆厚实，越短越好，类似金鱼短圆的可爱体态。

（3）嘴型可爱有趣，完美的血鹦鹉嘴型从鱼的正面看呈三角形、T 字形或心形的小巧嘴巴。

（4）无外伤且鱼眼透明有神，以白色为好，头部略翘，与身体连接处较凹陷，鱼形圆润，颜色自然。有一种无尾鳍，鱼形更圆，叫作“一颗心”的品种，其实是血鹦鹉很小的时候人工将尾鳍割去的结果，并不影响鱼的其他生理指标，可按自己的喜好购买。

（5）观察血鹦鹉鱼的游动是否正常，不要选择那些一直浮在水面或沉在水底的。各鳍要完整舒展，鳃盖部分不外翻，呼吸顺畅。

（6）选择进食欲望好、游动性强、活泼好动的鱼。

（7）血鹦鹉鱼水族箱一般须搭配 2～3 条体形相当的“清道夫”鱼。

（8）金刚鹦鹉除要具备血鹦鹉的一些基本特性外要求头顶隆起更

加饱满，鱼体更加结实，生长速度快，一般成鱼长到 25 厘米以上，价格很昂贵，金刚鹦鹉以产自我国台湾岛的为好。

4. 地图鱼的选购

地图鱼是热带鱼中生命较长的，可谓长寿的热带鱼了。据有关资料介绍，有地图鱼在水族箱中存活 13 年的记录。地图鱼是热带鱼中最有感情的鱼，它们甚至能认出长期饲养它们的主人。当陌生人观赏它们时，它们会若无其事地做自己的事，而当它们的主人靠近水族箱时，它们立刻游靠过来，转动大眼睛，摇着尾巴表示欢迎。总之，地图鱼是一种非常有趣的观赏鱼。

（1）挑选地图鱼时，先看其体形是否匀称，体表是否完整无缺，眼睛是否清澈明亮，体色是否杂色，所有鱼鳍是否舒展扩张，有无残缺痕迹，如存在任何缺陷，都不能选购。选购地图鱼的最基本标准是，鱼体表完整，外形优雅。

（2）挑选地图鱼时，可给其饲喂一些美味饲料，观察其反应，如鱼反应敏捷，游动迅速，游姿优雅，对周围的情况有敏感的反应，则表明地图鱼健康，生命力旺盛，即可考虑选购。

5. 菠萝鱼的选购

一般情况下，菠萝鱼性情温和，但在饥饿或繁殖等需要大量营养时会袭击小鱼，易与较大的鱼混养。

（1）菠萝鱼的颜色越黄越好，不要挑选那些体色发白的幼鱼，挑选时最好关掉灯，在自然光下选，这样比较准确。

（2）要挑选身体短圆的菠萝鱼，不要挑选体形长的，圆的长大后好看些，体形长的不好看。

（3）在同一批繁殖鱼中，选择体形大的菠萝鱼，不要选小的，大的菠萝鱼多是公鱼，长大后颜色鲜艳，体大些的幼鱼往往能长很大，小的长不到那么大。

6. 罗汉鱼的选购

金花品系罗汉鱼是一种具有潜在观赏价值的品种，其典型特征如下。

（1）头型有前探趋势，无额斑（即使有，也比较浅）。

（2）平眼，眼色以蓝色、金色为主，也有红色的个体，平嘴，背鳍、臀鳍不拉丝（即使拉丝也较短）。

（3）后三鳍形成的夹角较小（空隙小），尾鳍呈扇形（尾巴两端的尾骨很长）。

（4）身材偏方形（即使长也是呈长方形），身上的墨斑较少，较靠近后方，且较浅。金花有许多品种，颜色多样，但关键是体形，我们常会发现，无论是经典的彩虹金花、红马，还是帝王金花，它们大多有上述描述的相似体形特征，变化的只是颜色和纹理。

7. 泰国斗鱼

选购泰国斗鱼最主要考虑的两个问题是健康和年轻，可通过以下方法判断。

（1）看精神状况。如果将其他斗鱼放在旁边，若没有进入战斗状态的斗鱼是不能要的，这样的鱼很可能是病鱼。

（2）看体表。买鱼时一定要注意观察鱼的体表有无异常，鳞片的覆盖是否完整，有无体表寄生虫的痕迹，鱼鳍有无大的破损，不要听商家所说的鱼鳍破损后还可以长好，因为再怎么长，也不会长回原来的样子。

（3）看光泽。成年斗鱼如体表暗淡无光，很可能是老弱病残的鱼，是不能要的。

（4）看眼睛。判断是否是老头鱼，如果鱼小眼大，那一定是老头鱼了，这种鱼也是不能要的。

（5）鱼龄是大家易忽略的问题。斗鱼属小型鱼，寿命一般为 2 ~ 3 年，最多也只能到 4 年。一般过了两岁的斗鱼，其观赏性会差一些。所以，一定要购买 1 岁以内的斗鱼。年富力强的鱼，适应新环境也快。

8. 接吻鱼的选购

接吻鱼是众多养鱼爱好者喜欢的品种，选购时要多加注意。

（1）选择体形稍胖的鱼。因为胖胖的接吻鱼购回家之后的几天内就会开始吃东西，而且已有的身体能量不会让鱼儿变得消瘦。如果是瘦弱的接吻鱼，由于它们胆子小，几天不饮食就会对身体造成很大的影响。

（2）选购精神状态良好的鱼。健康的接吻鱼最起码的标准是：吃得多，游得快，长得好，眼睛清澈，反应机灵。选购时，适当饲喂一些食物，观察它们的反应，鉴别其是否健康。

（3）选购接吻鱼时，还要注意观察水质。在干净、清澈的水中饲养的鱼值得选购，如果发现水质有点黄或呈现其他颜色，挑选时就要注意了。因为，许多商家为了让鱼看起来更精神、更健康，会在水中加入一些孔雀石绿，如果选购了这些鱼，回家之后没有这种特定的水饲养，接吻鱼很快就会死掉。

9. 招财鱼的选购

（1）首先要选择鳍条、鳞片等鱼体各部位没有缺损的鱼。

（2）选择没有外伤、没有鳃病、呼吸均匀、游姿正常、摄食积极、反应灵敏的鱼。

（3）最好挑选雄鱼，其背鳍、腹鳍长而尖，雄鱼成年后个体较为雄伟，观赏价值高。

10. 龙鱼的选购

（1）体形

选购时，龙鱼的个体不小于 15 厘米。检查鱼体，从左右两侧看鱼的比例是否正常、协调，由上方看鱼的整体，主要看它从头到尾是否有弯曲变形的现象。龙鱼的身体要长、宽及平行，长度和宽度必须跟其全部的鳍、头部及眼睛的大小成比例。体形过瘦、过胖都要考虑是否在筛选之列，不宜挑选那些头部呈圆形、驼背或眼睛过大的龙鱼。鱼体曲线匀称，体态笔直不能有任何弯曲，线条流畅。嘴巴紧闭时，上下颌对称，且闭合严密，唇部无利伤或褶皱者最佳。

对于鳃盖的要求主要是察看鳃盖是否紧贴着头部以及有没有翻转过来即可。另外，每尾鱼的鳃盖必须闪亮有光泽，颜色因不同品种有一定差别。龙鱼的所有鳞片必须大且带有亮度，井然有序地排列，鳞片的颜色会因不同种类有一定的差异。

（2）眼睛

龙鱼两眼的大小必须一致，与其体长与体高协调成比例。从正面看，两侧的眼睛要平行、正视，没有侧斜现象。眼球大而明亮有神，紧附眼窝，越明亮、有神就越是优良品种。眼睛与龙体的比例要对称，过大极可能已超龄，鱼的体色会慢慢褪色。

（3）鳍条

胸鳍左右对称，大小一致，向左右两侧延长且完整，其弧度平滑顺畅。胸鳍与腹鳍必须是平直的，不能呈现出扭曲，尾鳍、臀鳍与背鳍的大小与其体长与体高成比例且协调，尤其是后尾端的三片鳍比例是否均匀，总体观看要与鱼体对称。选购时，尽量挑选鳍较大、颜色鲜艳、较深的鱼。龙鱼游动时，各鳍条向外张开，尤其是背鳍、臀鳍及尾鳍要大，且完整均匀才是最好的。如果龙鱼将鳍条紧紧地收缩起来或出现鳍条长短不一或鳍条畸形，则说明鱼可能患病。当然，鳍上出现褶皱也会影响龙鱼的整体美和观赏价值。

（4）颜色

各种龙鱼在不同的生长阶段，身体会显示出不同的颜色。例如，选购辣椒红龙时，要仔细留意其尾鳍、背鳍和腹鳍是否均为红色，龙鱼的胸鳍应该是淡红色的，身上应有淡绿或粉红色的光泽，鳞片有亮度，触须呈红色或粉红色，成鱼的色彩会随着年龄的增长呈现不同的颜色。

（5）触须

龙鱼的触须必须是长而笔直的，左右完整且长度一致，角度朝上或朝前，但不能朝下，也不能一长一短，交叉甚至缺少触须，触须的形状呈倒“八”字形。颜色因不同种类而不同。

（6）游泳姿态

龙鱼优雅的游姿是至关重要的，游姿必须顺畅有力，胸鳍完全张开，触须挺直，游动时，活力四射，让观赏者有美的享受和力度感。

二、养殖器材

热带鱼适宜用水族箱饲养，一般不用鱼缸，尤其是不宜用圆形鱼缸饲养，其原因有两点：一是热带鱼活泼好动，圆形鱼缸限制了它们的游动，不利于其生长；二是热带鱼多呈扁平状，花纹、花斑显于体侧，从顶部看不到美丽的花纹和优美的体态，透过圆形鱼缸壁观看，其体态变形失真，减弱了观赏价值。

选择水族箱的大小和规格根据养殖的品种、数量和养殖环境而定，体形大的鱼要用宽大的水族箱，大箱体中的水体与水温比较稳定。体形小的鱼，如果用宽大的箱体，为了增强观赏性，鱼的数量可多一些。一般家庭用的水族箱不宜过大，以 40 厘米 ×30 厘米 ×30 厘米为宜。水箱口应有通气的箱盖，以防鱼儿跳出箱外。热带鱼的其他养殖器材与金鱼的相同。

三、养殖密度

热带观赏鱼放养密度视水族箱规格大小、鱼体大小、充氧设备、水体生态条件等而定，如水温适宜，水草茂盛，有充氧设备，有经验者可适当多养一些；反之，少养一些。根据大多数养鱼爱好者的经验，鱼的总长度（厘米）不能超过水族箱的水容量（升），例如，260 升的水族箱，箱内所有养殖鱼的总长度不能超过 260 厘米。一般来讲，规格为 60 厘米 ×35 厘米 ×35 厘米的水族箱，可放养小型热带鱼 30 尾～40 尾，中型鱼 15 尾，大型鱼 5 尾～7 尾；水族箱规格为 40 厘米 ×30 厘米 ×30 厘米的水族箱，可放养小型热带鱼 20 尾左右，中型鱼 6 尾～8 尾，大型鱼 4 尾～5 尾；大型海水鱼水族箱的放养密度为 3 千克～5 千克 / 吨水。此外，像非洲豹鱼、蓝宝石鱼、斗鱼、斑马凤凰、虎皮等性情烈的热带鱼，对养殖密度的要求更高，因为它们比较好斗，攻击性非常强，即使在很大的空间里，也可能对小型热带鱼进行攻击。因此，饲养时要慎重选择。

四、品种搭配

混养热带鱼不仅能提高鱼缸的利用率，还可使鱼缸更加美观，生机勃勃。缸内的鱼五彩缤纷，千奇百怪，是许多养鱼爱好者追求的目标。那么，如何搭配混养热带鱼呢？下面的内容很好地概括了热带鱼的混养搭配原则。

水族混养不寻常，新手死鱼难胜防。
体形悬殊不能混，自然规律记心上。
大型慈鲷是霸王，吃完小鱼内斗忙。

别看宝石个头小，敢跟罗汉逞嚣张。
有牙之鱼性本凶，水虎吃肉最疯狂。
夜行多是冷杀手，一觉醒来小鱼亡。
魟鱼有毒小心养，尾刺蛰到痛难当。
海鱼都喜碱性水，锦鲤金鱼遇热慌。
曼龙燕鱼红十字，虎皮扯旗五群狼。
河豚鲶科吃八方，斗鱼一公一缸养。
草虾食藻似无害，大眼贼虾别进缸。
两爬不是省油灯，大鱼吃它小鱼光。
小螺也是食藻王，控制数量别爆缸。
河豚是它大克星，生物除螺一级棒。
要想混养美又靓，上中下层鱼熙攘。
同缸种类别过多，竞争激烈必有伤。
颜色搭配不要乱，主次大小分明朗。
快鱼成群慢鱼少，祝君混养乐趣享。

由此我们总结出热带鱼的搭配规律如下。

同一缸里大鱼、小鱼尽量不要混养，不管大鱼性情多么温顺，但小鱼的嘴比大鱼小，大鱼吃小鱼是自然规律。帝王、皇冠、鹦鹉、玉面、罗汉、十间、地图等大型慈鲷科鱼多数性情凶猛好斗，领地意识较强，喜欢食肉，体长 10 厘米 ~ 15 厘米的红宝石、蓝宝石等这类相对小的慈鲷科鱼也不例外。5 厘米 ~ 10 厘米的小型慈鲷科鱼虽然打不过大型慈鲷，但对付灯鱼（小型鲤科、脂鲤科）、鳉鱼（包括花鳉科）是绰绰有余的。

凡是嘴里有牙的鱼必然能吃肉，水虎最为典型；七星刀、黑魔鬼这类夜行鱼白天看起来很温顺，但夜里就凶相毕露了，会把小鱼全部吃光；魟鱼尾刺的毒性很强，和蛇有一拼，一定要小心。

海水鱼的生活环境偏碱性，勿往鱼缸里放酸性物质；锦鲤、金鱼不怕冷，水面结冰水下照样活，但夏天水温超过 30℃时，频繁浮头，若不处理易死亡。

曼龙、燕鱼、红十字、虎皮、扯旗是五种常见的凶猛小鱼，虽然打不过短鲷，但其杀伤力足以致死其他温顺的小鱼；河豚（潜水艇、狗头等）、鲶科鱼（红尾猫、鸭嘴猫、招财猫等）都是吃货，能吃掉大量的小鱼。雄性斗鱼必须单用一个小缸，否则必斗。

苹果螺、神秘螺可清除鱼缸壁上滋生的藻类，但苹果螺易繁殖，小心爆缸；神秘螺繁殖慢，其有吃草的习性，不宜放在草缸里。

混养要注意鱼缸内上、中、下层鱼的分布，高缸更要注意，否则观赏效果会差很多。缸里鱼的种类最好不要超过 5 种，以 3 ~ 4 种为宜，数量也不要太多。同缸混养要有主次，即以一种观赏鱼为主，其他为陪衬。鱼的颜色以 3 ~ 4 种为宜，如典型的黑白红搭配，效果很不错。

若混养条纹、斑点类的花鱼，数量要少，否则会很乱。追求小鱼的群游效果时至少 20 条才能游出气势，游速较慢的大鱼放 1 ~ 2 条就足够了。

五、日常管理

（一）养殖用水

热带观赏鱼适宜生活在软水中，对水质的要求比金鱼严格。我国各地自来水的硬度较高，用自来水养热带鱼，最好对水质作软化处理。初养热带鱼的人，养殖的品种大多为对水适应能力较强的鱼，可不必考虑水的硬度，直接使用暴晒处理的自来水即可。

1. 水温

热带鱼对水温要求严格，一般的饲养水温为 24℃ ~ 30℃，健康的成鱼接受的最大温差为 ±2℃，幼鱼为 ±1℃。否则，热带鱼极易患感冒。一般来讲，冬天养殖热带鱼需加热升温和保温。水温降至 20℃以下时，热带鱼拒食，活动能力明显减弱，免疫力下降。长期在 15℃ ~ 20℃的水中饲养热带鱼易发生各种疾病。冬天饲养热带鱼的水温须根据不同的品种调整，鲷科中的神仙和七彩神仙鱼，水温应保持在 25℃以上；鳉科和鲤科等热带鱼，水温保持在 20℃以上；大多数慈鲷科、脂鲤科、鲶科、攀鲈科、古代鱼科的鱼，水温保持在 22℃以上。

水族箱中的水温过高时，可将水族箱移至阴凉处或用降温器降温；

水温过低时，可将水族箱移至有阳光的地方或用加热器加温。降温和加热装置都带有温度调节器，达到适宜的温度后会自动停止降温或加热。

2. 水质

在众多观赏鱼之中，热带鱼是比较娇贵的，其对水质的要求较高。其中，水质要求最高的是慈鲷科中的神仙鱼和七彩神仙鱼，其次是脂鲤科鱼和一般慈鲷科鱼，第三是古代鱼科的一些鱼类和鲶科鱼。鲤科和攀鲈科的一些鱼对水质的要求没有前述鱼类高。对水质要求最低、最易饲养的热带鱼是鳉科鱼类。

（1）透明度

水体透明度对热带鱼的影响很大，透明度低（即水体混浊）的水易造成热带鱼精神紧张、压抑，免疫力降低，色彩变淡，甚至引发疾病。热带鱼对水体透明度的要求一般要达到 5 米，一般家庭饲养热带鱼要注意观察，发现水体混浊或有藻类引起的水华，透明度下降时，立即启动过滤循环系统，提高水的透明度。

（2）溶解氧

热带鱼对水体溶解氧的要求比金鱼稍高，应长期保持在 5 毫克 / 升以上，幼鱼期或患病时还要更高些，应保持在 7 毫克 / 升。否则，水中极易生成一些有害物质，导致疾病发生或病情加重。

（3）pH

热带鱼生活的水质条件最好是中性偏弱酸性。一般来讲，弱酸性环境不易产生单细胞藻的水华现象，同时可促进水草的生长，使水体保持较高的透明度。总之，家庭饲养热带鱼的最适 pH 为 6 ~ 7，这样既不易产生有害物质，又能达到较好的观赏效果。需要特别注意的是，在弱酸性水环境中，千万不能突然增加光照强度，更不能突然暴晒太阳，否则会引起水中植物强烈光合作用，导致水体 pH 骤然上升，导致观赏鱼和水草死亡。

（4）硬度

不同品种的热带鱼对水的硬度要求不一样，一般鲤科、鲶科、攀鲈科对水的硬度要求较低，中等硬度或偏软水均可饲养；慈鲷科、脂鲤科鱼类对低硬度（软水）的水要求较高，特别是繁殖期，一定要在软水中进行。人工饲养热带鱼需调节水的硬度，调低水的硬度最直接的办法是用蒸馏水掺兑，也可采用离子交换树脂对水进行过滤处理。有经验的饲养者常采用水草光合作用来降低水的硬度，或用“老水”掺兑来降低水的硬度。此外，水体长期酸化和长期不换水也会使水的硬度下降。

（5）有害物质

家庭饲养淡水热带鱼，水体中有害物质毒性最大的是硫化氢，其他有毒性的物质包括氨氮、硝基氮、亚硝基氮，亚硝基氮的毒性远高于氨氮和硝基氮。这些物质易导致水质败坏，滋生有害细菌，使鱼体质变弱，免疫力降低。预防氨氮中毒最有效措施是控制水体pH为6～7。当发生硫化氢中毒时，可适当添加亚铁离子，以形成硫化亚铁沉淀，除去硫化氢的毒性。

（二）饵料种类及饲喂

1. 饵料种类

热带鱼饵料以鲜活饵料为主，适当辅以冰鲜饵料，缺乏饵料时，可添加少量人工配制饵料。由于热带鱼的繁殖周期较短，一般为几周至几个月，加之体色形成比金鱼、锦鲤复杂。因此，热带鱼对饵料中活性物质的要求比金鱼和锦鲤要高。

（1）鲜活饵料

鲜活饵料包括摇蚊幼虫、丰年虫、轮虫、面包虫，甚至一些昆虫均可作为热带鱼的活饵料。活饵料不但能满足热带鱼快速生长的需要，而且通过捕食活饵，可锻炼热带鱼的反应能力，是饲养热带鱼最理想的饵料。一般热带鱼对某种活饵料的摄食兴趣为两周左右，之后就会对这种饵料产生厌食，从而影响其生长速度。因此，每隔一定的时间需给热带鱼饲喂另一种活饵料或冰鲜饵料。

（2）冰鲜饵料

由于热带鱼活饵料的来源不稳定，因此，需要补充冰鲜饵料。冰鲜饵料包括淡水滤食性鱼类、海水深海鱼类、虾仁、牛心、牛肉、猪心等。饲喂时，取速冻饵料，趁未解冻时切成丁，然后用自来水冲去血浆、肉末，即可直接饲喂。

（3）植物性饵料

热带鱼的植物性饵料主要是南瓜、麦芽和胡萝卜，饲喂这些植物性饵料的主要目的在于增强热带鱼的体质，提高其抗病力，同时加深热带鱼鲜艳的体色。

（4）配合饵料

热带鱼对配合饵料的兴趣不是很大，除非饵料有相当好的诱食性。热带鱼配合饵料蛋白质含量应当在40%以上，粉碎度要求在80目以上，且须添加深海鱼油或乌贼鱼油作诱食剂，同时还要有丰富的微量元素和维生素，而且最好是悬浮饵料。

2. 饵料的正确饲喂

选择好理想的饵料后，遵循“定时、定点、定质、定量”的原则饲喂。饲喂次数和饲喂量根据鱼体大小、数量及身体状况等而定，特别是在仔幼鱼期和患病期间要适当控制饲饵量，最好交替饲喂动物性饵料和人工饵料，这不仅可提高鱼的食欲，还可均衡其营养。

种类、个体大小不同的热带鱼对饲料的需要量不同，如在最适生长温度范围内，热带鱼活动量较大，体力消耗多，摄食量多；而一些体形小的鱼一次的摄食量不多，需多次、少量饲喂。雌鱼怀孕怀卵、幼鱼生长发育阶段以及搭配混养时，鱼争食，摄食较多，应每日饲喂饵料2～3次；反之，如温度低，鱼的活动量减少，摄食量相应少，每日饲喂1次，如果有加热器，能保持冬季水族箱内适合热带鱼所需的水温，也可每日饲喂1～2次。饲喂量根据鱼体大小、数量以及日投次数掌握，若1次/天，应饲足喂饱，饲饵量应留有余地，当时吃不完，但在当日之内能够吃完即可；若2～3次/天，喂至八成饱即可，大约10分钟内吃完，不留剩饵。如何判断鱼是否吃饱？可在投入饵料时边少量慢投，边观察摄食情况。饵料初入水时，鱼的反应很快，马上游来吞食，一口接一口地吃得很快，后来就慢了，也不那么兴奋了。最后，对饵料不理睬，或吞吞吐吐，这表明鱼已经吃饱了。无论每日投饵料1次或2次，无论喂的是鱼虫、丝蚯蚓或干饵料都不要过量。每日投多次，每次又喂很多，剩饵不断，水质易混浊，更不能让活饵料留在水族箱内过夜，否则会消耗水中的氧气。残饵、尸体恶化水质，饲喂水蚯蚓时，可用塑料小盒，盒上穿些孔，放入水蚯蚓后吊挂在水中。投喂其他切碎的动物性饵料，以装入盛具内为宜。喂人工配合饲料或切碎的鱼、肉块时，注意颗粒要适口。

饲喂饵料时间，无论每日饲喂 1 次或 3 次，都应固定时间，如日饲 2 次，上下午各 1 次，即上午 8 ~ 9 时、下午 3 ~ 4 时，清晨和夜晚不宜投喂。

如因事外出，不能每天给食，三五天不投饵料，鱼也不会饿死。但在离开前按正常情况投饵料和换清水，保证水质清新，氧气充足，不发生“闷缸”事故。鱼虽然较能忍受饥饿，但在日常饲养中，绝对不能喂得过饱或过饥，否则导致鱼营养不良，那是养不好鱼的。

（三）清污与换水

在日常饲养过程中，饵料不断地投入及鱼自身产生的排泄物，会使水质变差，这就需要做好日常的清洁工作。清洁时小心地用软管抽出堆积在底层沙砾上的残饵和排泄物，然后加入等量的新水，清洁工作宜每周进行一次。水族箱上的过滤器几乎每天在工作，大量的残饵、粪便、鱼分泌的黏液都集中在过滤盒中，必须两周内清理 1 次过滤盒。具体操作是：取出最上面的一块海绵，用自来水冲洗干净，拧干后放回过滤盒中。如果热带鱼生病，还应把洗干净的过滤盒置于消毒液中浸泡 5 ~ 10 分钟，然后再放回过滤盒，这样有助于杀死过滤盒中的病原微生物，预防疾病暴发。

换水的量控制在水体总量的 1/3 ~ 1/2 为宜。首先，将置换用的水充分晾晒，使水中的氯气挥发。将鱼缸中上层的水小心地抽出，然后捞出鱼，依次取出剩余水和底层沙砾，待所有物件洗干净后更新铺沙，注水，种草，最后放入热带鱼。要注意的是，新加入的水的温度要和原来缸中的水温度相同，换水次数根据水质情况作适度调整。

（四）疾病预防

家庭饲养观赏鱼，由于缺乏诊断技术，这给治疗鱼病带来一定的难度。另外，在治疗方法上也有不少难题，首先是病鱼食欲减退，甚至拒食，经口用药不能保证摄入必需的治疗量；用注射法给药，在病鱼少、个体大的情况下可以使用，但在病鱼多、个体小时就不便使用。

常用的方法是：将药溶于水中，药浴病鱼，但药物浓度对病原体效力大时，对鱼的毒性也大，使浓度和药浴时间受到限制。观赏鱼即使被治愈，也往往留下缺陷，失去观赏价值。所以，治疗鱼病要以预防为主，一旦发现病鱼要及时处理，防止疾病传播蔓延。加强饲养管理是预防鱼病发生和蔓延的最根本、最有效的措施，在日常饲养管理中应做好以下几方面的工作。

（1）新购置的水族箱及工具放置很久或曾发生过鱼传染病的水族箱及工具，必须消毒后才能使用。最简单的消毒方法是，用高锰酸钾溶液或食盐水浸泡 24 小时，用清水冲洗干净后再使用。

（2）凡是新购进的鱼，须用淡盐水、呋喃西林或高锰酸钾溶液浸洗 3 ~ 5 分钟，进行鱼体消毒，然后再移入水族箱饲养。

（3）要适时换水，经常清污，使水族箱中的水质保持清新，换水时要保持水温相同。

（4）掌握适当的投饵量，尽量饲喂活饵，少喂勤投，不要饲喂腐败变质的饵料。

（5）掌握合理的饲养密度，初养者要宁少勿多，避免鱼缺氧浮头，配备较好的增氧、过滤设备。

（6）细心操作，尽量避免鱼体损伤，若发生损伤须马上进行防感染处理。

第五章 水族箱造景与水草种植

第一节 水族箱装饰物件

一、水草

（一）水草种类

水草通常是指能生长在水族箱中的水生植物，通常分为沉水性植物、浮水性植物、挺水性植物和中间性植物等，沉水性植物最适宜在水族箱中种植。

自然界中，有些水草生长在营养贫乏的水域，这种水域的水多呈静态，溶解盐类较少，若将这种水草移植到水族箱中不需要施太多的肥料，只要勤换水，注意二氧化碳的添加，就能栽培得较理想。生长在流水水域的水草种类较多，它们需要丰富的营养盐类，因为在水流动的过程中，接触溶解许多物质，其中不乏营养物质，为水草的生长提供了营养保证。若将这些水草移植到水族箱中，须经常添加营养元素，尤其刚种植时应施足基肥，以后再适时施肥，保持水中有一定浓度的营养成分。

水草的生长通过叶绿素进行光合作用，光合作用必须依赖光照和二氧化碳。所以，适当的光照和二氧化碳是保持水草生长的先决条件。有些水草的颜色并非绿色，如胭脂草、血心蓝等水草，虽然叶、茎常是红色的，但同样也能进行光合作用，它们的叶、茎同样含有叶绿素。这类水草的红色是含有“花青素”的缘故，由于“花青素”的含量高，颜色浓，盖住了叶绿素的绿色。“花青素”极易溶于水。做个简单的实验，将红色水草在热水中煮一下，“花青素”溶解于水中，而叶绿素留在叶茎内，水草由红变绿，由此证明了红色水草内存在叶绿素。当然，红色水草中叶绿素的含量比绿色水草要少些，在进行光合作用时，往往需要更强的光线来弥补这一不足。种植水草时，常会遇到红色水草易枯萎，不好种。究其原因，不外乎是光线不足或照明时间不够，导致光合作用未能充分进行，生长萎缩，乃至枯萎。

从外观看，喜强光的水草呈枝条型生长，这样的水草有利于在水深的环境中长得又高又长，对微弱的光线也能吸收和利用。喜弱光的水草常呈株状型生长，如皇冠草，这样的水草外形可避免在水中长得太高，受到太阳光的刺激。各种水草为了维持正常生长，都有最低需光量（指光照度必须超过其光补偿点的基本量）。光补偿点可定义为：当水草的光合速率与其呼吸速率相等时，此时的光照强度即为水草的光补偿点。水草要正常生长，光照强度必须超过光补偿点，才有多余的光合作用扩大自身，使水草体积、重量得以增加。不同的水草具有不同的光补偿点，阳性水草在生长过程中需较多的光量，其光补偿点也高；阴性水草需较少的光量就能正常生长，其光补偿点也较低；介于阳性、阴性水草之间的水草称半阳性水草或半阴性水草。

1. 阴性水草

光补偿点低于 500 勒克斯，如凤尾蕨、黑木蕨、小水榕、细叶铁皇冠等。

图 79 凤尾蕨

图 80 黑木蕨

图 81　小水榕

2. 中性水草

光补偿点为 500 勒克斯～1500 勒克斯，如针叶皇冠、小对叶、虎斑睡莲、细叶水芹、绿球藻、迷你三角叶等。

图 82　针叶皇冠

图 83　小对叶

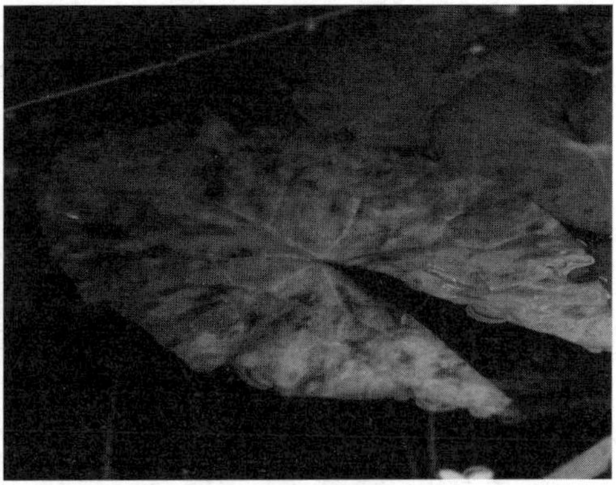

图 84　虎斑睡莲

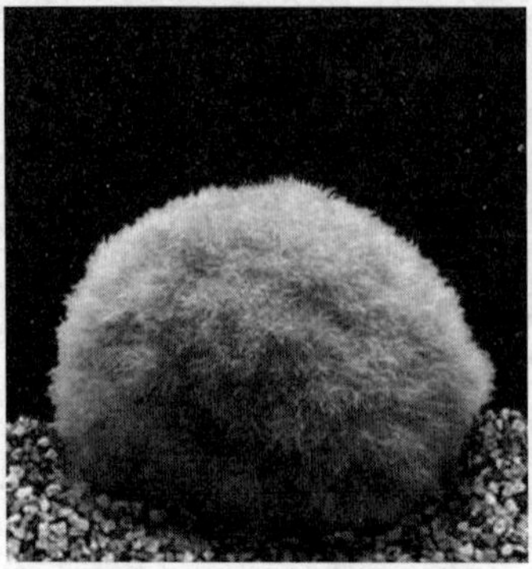

图 85　绿球藻

图 86　迷你三角叶

3. 阳性水草

光补偿点 1500 勒克斯以上的水草，如罗汉草类、柳叶草、孤尾草类等。

（二）观赏水草的选择及布置

水草有丛生水草和有茎水草之分。选择水草时，不仅要考虑当地的水草种类，还要考虑水草的形状及颜色搭配。经常用于水族箱种植的有茎水草有蜈蚣草、水罗兰、血心兰、小柳叶、红柳等，丛生水草有各种椒草和皇冠草等。

布置有茎水草时，常以 5 株 ~ 10 株同种水草为一束进行种植，并与丛生水草搭配放置。原则是，邻近的水草形状要完全不同，即使远离水族箱看，也能识别水草的种类及形状。考虑水草间的相互搭配时还要注意沉木的装点作用，这样更具观赏性。

二、辅助性造景材料

除水草和观赏鱼外，其他辅助性的饰景材料有沉木、岩石、底沙等。用这些天然素材做配景，可使整个造景更趋近自然，充分展现大自然的魅力。

（一）沉木

沉木能体现幽远、萧瑟的造景情调，是营造南美亚马孙河水域景观不可或缺的造景素材。沉木形状多样，每种式样都很有特点和代表性。在与水族箱尺寸成比例的前提下，最好选择平面形状的沉木，并尽可能挑选有许多小孔的。另外，还应注意其材质，菲律宾产的沉木材质坚硬，比重大，入水即沉，是理想的造景材料。要注意沉木碳化的程度，碳化完全的沉木木质素的成分少，未碳化木质素长期浸泡后会吐色。新买的沉木在水中会释放有害物质，入缸前，先用刷子刷一遍，去除藻类、杂质，再经水煮和浸泡处理。

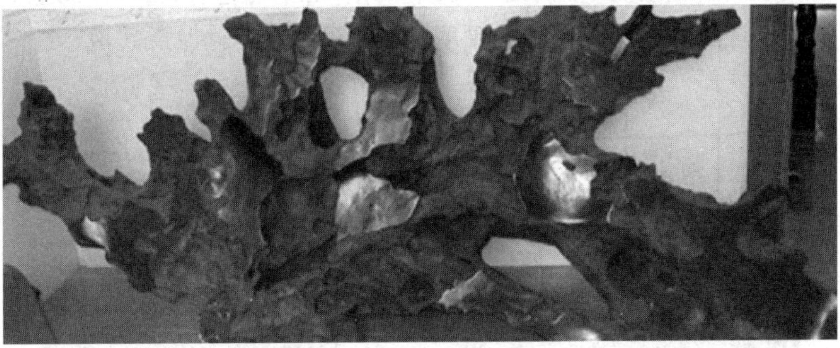

图 87　沉 木

（二）石材

石材是重要的配景材料，石材的种类很多，尽量选用外表光滑、造型美观、质地坚硬、不溶于水的石材，而且要有大有小，相互搭配才能更趋近自然。同一水族箱中最好选择同种石材，这样可体现景观的整体感，避免选择棱角尖锐、石灰质含量高的石材。石材的种类主要有以下几种。

（1）斧劈石。天然石料，可雕刻成许多造型美观的形状。在水族箱中使用时，多被雕刻成连绵起伏的群峰。

（2）水晶石。透明，呈乳白色，表面光滑，是营造“水底世界”的重要材料。

（3）沙积石。吸水性强，表面布满蜂窝状的天然空洞。可雕刻成连绵的群峰，表面易附生藻类植物，间隙中可栽种水草，使水族箱中呈现绿茸茸的山岭，郁葱葱的水草，自然气息相当浓郁。

（4）太湖石。产于江苏太湖一带，常用来堆叠大型假山，质地坚硬、光滑。多呈灰白，是造景常用的石材。

（5）卵石。经水流冲刷，表面光滑，主要用于底部置景，以南京产的雨花石最名贵。

（6）英石。灰黑色的石料，质地坚硬，不宜加工，富有天然纹理。

（7）石笋石。有灰绿和紫褐两种，硬度适中，断裂面常有尖锐的棱角，外形如天然竹笋。天然石笋石极少，非常名贵。

（8）钟乳石。天然洞穴岩石，花样众多，但因含有大量的石灰质，长期浸泡在水中易使水体的硬度和酸碱度发生变化，要慎用。选择要求：表面光滑，无棱角，最好是质地坚硬的，色彩要淡雅，大小要合适。

（三）贝壳类

河蚌、蛤蜊、紫海贝、珠海贝，外壳坚硬，花纹清晰，清洗干净即可用于配景。

图 88 贝壳类

（四）人造景物

竹排、钓翁、小桥、水车等。人造景物的材质有合成树脂的，有陶瓷的，要选择无毒、无害、不褪色的。

（五）彩色沙

五颜六色的天然或人造底沙，既能营造不同水域的典型特征，又可作为水草的固着基。不同种类的水草对底质的要求不同，尽量选用那些能满足多种水草生长的底沙。底沙的沙砾不宜过细，否则底质密结，阻碍水草根的生长延伸；而沙砾过于粗大，底质松散，易累积残饵、粪便等污物，影响水质。另外，底沙的粒径还应配合鱼嘴的大小，以便鱼儿搬弄、玩乐。

图 89　人造景物

图 90　彩色沙

三、水草栽培及管理

（一）水草种植

1. 种植密度

水草的种植间距对水草的生长有很大影响。种植时，水草密度比在自然界中要相对大一些，这样既可在有限的空间内营造出水草繁盛的景象，同时又能有效地抑制水草过度生长，免去经常修剪之烦。但过分密植会造成视觉上的杂乱，所以，种植密度要适当。根据许多水族专家长期对水草生长情况的研究，归纳出以下经验公式：

水草种植密度（株）= 水族箱的长 × 宽 ÷50

注：凡枝条型水草，以 5 枝为一株计算。

此公式仅为经验公式，种植时，根据水草的形状及大小进行调整。

2. 种植步骤

（1）铺放基层底沙

以大溪沙和矶沙中的粗沙为最佳，直径为 2 毫米 ~ 4 毫米，铺放之前充分清洗干净。先铺设一层长效基肥，然后铺一层底沙，底沙厚度为 5 厘米 ~ 8 厘米，不易太薄或太厚。太薄，不利于水草生长，易漂浮；太厚，水草吸收不到基肥，杂质沉淀过多，易发黑。应注意的是，所选用的水草沙应适合多种水草的种植，既不会使水体浑浊，又不影响水质，要具有较强的吸附能力，能起到净化水质、提高观赏价值的作用。

（2）消毒浸泡

购买或自己采集的水草常带有病原菌或各种寄生虫，必须经过浸泡消毒后才能种植。消毒方法为：用 3% 食盐水浸泡 15 ~ 30 分钟，或用 0.2% 硫酸铜溶液浸泡 10 ~ 15 分钟，或用 0.1% 高锰酸钾溶液浸泡 5 ~ 10 分钟。

（3）挺枝

先整株插在底沙中 1 天，使水草充分伸展。

（4）修剪

去除多余、不美观的黄叶、烂叶，剪掉过长的根，保留 1 厘米 ~ 2 厘米即可。因为种植时过长的根易损伤而腐烂，不易伸展；有茎水草在茎节下面 1 厘米左右剪去根；丛生类水草是从中心展开叶片，去除边叶、黄叶，修剪掉过长的根；水榕类和椒草类水草，毛根很重要，不要剪掉，如买来时没有毛根，要让其在水面漂浮几天，长出毛根再种植。

（5）种植

将有茎水草的茎轻轻插入底沙即可，有根水草先把根深深压入底沙中，再小心地拔高，稍微露出一点根即可。

（6）注水

种植前先注入 70% ~ 80% 的新鲜水，最后注满。

3. 水草的种植方法

（1）水草夹直插法

这是栽植有茎水草最适宜、最常用的方法，注水后，用手栽种不便时，用该方法是最好的。用水草夹顺着茎的方向夹住茎端，快速插入底沙中，然后松开水草夹。

（2）手埋法

根系较大的成束水草，用手直接种植最好。用手捏住水草根部，先用手指挖一个小坑，埋入水草，埋好后轻轻拔一下，利于根系疏通。

（3）束植法

成片种植的水草，将几根并为一束，基部用细线捆绑，以不散落为宜。主要有两种方法：齐根式束植法，将根对齐，种植后呈现较自然的高低不规则状；齐尖式束植法，将顶尖对齐，用剪刀将根部剪齐，种植后呈圆球状。

（4）草坪式铺压法

将地毯草、草皮等块状前景草平铺在底沙上，用底沙压住，过一段时间就会扎根。

（5）镊插法

对于细矮草（如小水兰、矮珍珠等），用手和水草夹都不方便，可用金属镊子夹住密植在前景位置。

（6）沉木绑缚法

无茎水草（如莫丝、鹿角苔）必须附着在物体上才能生长良好，或为了造景需要（皇冠、小榕）。

①莫丝类水草捆绑法：将莫丝一根一根平铺于沉木上，正面朝上，

用钓鱼线一圈一圈缠绕得不松不紧。

②鹿角苔类水草捆绑法：将鹿角苔类水草平铺在沉木或岩石上，用网片罩住，不久鹿角苔长出网眼。用线绑的话要铺一点绑一点，否则易漂浮。

③铁皇冠类水草捆绑法：此方法较简单，将其放在合适的位置，用线轻轻缠绕根部几圈即可。

④榕类水草捆绑法：选用有较深孔洞的沉木，将小榕从塑料盒中拔出，将其根部植入孔洞中，用细线轻轻缠绕即可。

（7）盆栽法

购买盆装的椒草类植物，可直接连盆种植。

（8）压石法

此法适用于没有底沙或底沙很薄，而水草根部比较长时。在水草根部绑上一块石块，防止水草漂浮，或用石块围住根部。

4. 水草种植注意事项

（1）无论哪种栽种方法，均以水草不漂起为原则。

（2）尽可能栽得浅一些，尤其是根部发达的水草，否则易烂根，另外，在水草沙与水的分界面会长出第二层根，影响水草生长。

（3）水草不要种植过密，以免互相竞争，不利于观赏鱼游动。

（4）为了使水草生长良好，最好栽植水草 6 ~ 9 天后再养鱼，避免因鱼的游动使水草漂起。

（5）注意修剪有茎水草根部，防止腐根，也可将根全部剪掉，直接将茎插入底沙中。

（6）丛生型水草，剪除枯烂叶和多余的根，但不要将毛根剪掉。

（7）水草的数量根据水族箱大小、造景需要、鱼类的习性而定，喜静的鱼可多植，喜动的鱼少植。

（二）水草管理

1. 水草的修剪

水草经过一段时间生长后，由于各种水草间的生长差异，使原本理想的水草布局发生变化，显得杂乱无章，影响观赏效果，必须进行适当修剪，去除不美观、变形的枝叶，去除老叶、伤叶、烂叶、烂枝，剪掉过长的须根。

（1）丛生水草的修剪

用作水族箱前景的小型丛生水草在生长过程中，其茎部不像有茎水草那样快速向上伸展，而是生出匍匐枝或地下茎，侵入其他水草的区域，因此，要事先剪掉前端的分枝，防止其伸展出去。剪掉匍匐枝或地下茎可抑制分枝的形成，使水草本株的叶片茂盛。椒草类水草一般不需要修剪，但如果地下茎长得过长，出现在远离本株的地方，弄乱了景观布局，即可用剪刀伸入底床中将其剪掉。

中、大型丛生水草的根伸展能力非常强，会慢慢地扩大，破坏原来的造型。因此，2 ~ 3 个月必须修剪 1 次，将剪刀插入底床，将根剪去 1/3 ~ 1/2。长得过大的水草，只能用新的、大小适中的水草来代替。 有些细长、带状叶片的水草，如大水兰等，发现有发黄的叶片时要及时除去。过多的叶片生长延伸在水面上，会造成水面光线不足，也必须适当修剪叶片尖端。

（2）有茎水草的修剪

有茎水草的修剪基本采用两种方法：一种方法是，将特别长的、破坏整体效果的水草顶芽剪下，移植到别的地方，剩下的半棵不移植，留在原地，待其由茎节部分长出新芽。在等待长出新芽的时间段，水族箱的上层出现一片景观空白区，而且新芽长出来方向又不一定符合原设计的要求，故这种方法有一定的缺陷。另一种方法是，将剪剩下的半棵水草连根除去，将剪下的顶芽植在原处。顶芽的长短可根据要求修剪。这种方法虽然不会破坏造型景观，但植下的新芽不一定能百分百成活。

有时在某一区域中密植了多株小叶型的有茎水草，修剪时不可能一棵棵地进行，故可将这一区域内的水草连根拔出，平放在纸上，顶芽对齐，将茎节下部（包括根）剪去，再根据要求种植顶芽。

用作前景的小型有茎水草不修剪的话会高低不齐，但单棵修剪太费事，可每 5 棵集中成一束，成束拔起，保持上部整齐，把长短不一的根部剪掉，成束种植。大型有茎水草有一定的间距，但不太明显，但间距过大时会破坏美感，一般用贴底床剪掉的方法。

2. 日常护理

（1）经常检查水体。水混浊不清或呈褐色时，说明水中缺少水草生长所需要的养分，须及时处理水质。

（2）调控光照。不同水草对光照的要求不同，根据水草生长情况适当调整光照。

（3）及时清洗水草沙。去除残饵、粪便，净化水体，轻轻刮掉表面沙（2厘米～3厘米），放入清水中反复冲洗，然后复位。

（4）水温。根据水草的生长情况调节水温。

（5）清除附着的藻类。加入硫酸铜或放入少量红螺、清道夫鱼。

（6）水草消毒。用盐水20克/千克～40克/千克浸泡15分钟，用清水洗净。注意浸泡时间，太短达不到消毒效果，太长会使水草脱水。用硫酸铜2克/千克～3克/千克浸泡10分钟，其杀菌能力强，也可杀虫、杀藻，消毒后要充分清洗，否则带入水族箱中易毒杀鱼。用高锰酸钾1克/千克～2克/千克，浸泡5分钟，此方法有很强的杀菌、杀虫效果，但不能重复使用。用亚甲基蓝0.5克/千克浸泡10分钟，此方法杀菌力较弱，主要针对特定的菌体和虫体，其药性温和，不会伤害水草和鱼类，一般用于较贵的水草的消毒。

（7）添加水草肥

选用合适的水草肥料是养好水草的关键，常用的水草肥料有基肥、根肥、液肥、铁肥等，根据实际情况适当施用水草肥，可使水草以美丽的姿态展现在人们眼前。水草施肥应注意以下几点。

（1）根据水草品种施肥

水草品种不同，对营养元素的需求有很大差异，尤其是微量元素的使用区别更大。严格来讲，每种水草都应有自己的一套肥料，但这并不现实，举个最突出的例子，红色系水草，如果想让红草更红、更漂亮，需额外添加铁肥，但用量要谨慎，以免造成对其他水草的伤害，因为红草对铁过量有比较高的耐受力。

（2）根据水草类型施肥

水草类型可粗分为有茎类水草、丛生水草和礁岩类水草。其中，丛生水草的根系最发达，供给其高品质的基肥对它们的生长有很大的益处，而且它们发达的根系可溶解基肥中的营养元素并释放到水中，对其他水草也有好处。对于有茎类水草，如果有基肥更好，否则应施用根肥。而礁岩类水草只用液肥即可达到好的效果。

（3）根据水温施肥

普通热带水草生长最旺盛的水温为 24℃ ~ 27℃，过高或过低会影响光合作用的强度，同时影响水草对营养元素的吸收。水温过高或过低时要适当减少肥料的施用量，以避免藻类过度生长。

（4）根据饲养水草的配套设施施肥

如果缸光照足够，又种植满缸速生水草，则必须增大施肥量，但要注意藻类和水草的生长状态，以便及时调整用量。如果缸中只种植一些阴性草，即使数量较多，也要减少肥料用量，因为阴性草的需肥量不大，过多施肥易引起肥伤，要“薄肥勤施”。

（5）根据换水量和频率施肥

如果换水量大又频繁的话，就要适当增加肥料用量，反之减少肥料用量。

（6）根据藻类的多少施肥

如果缸中水草生长旺盛而藻类较少时，说明肥料使用量是合适的；反之，如果藻类过多，则要适当减少肥料，特别是铁肥的用量，因为过多的铁肥会导致藻类过度繁殖。

（7）根据水质施肥

水质的好坏，尤其是水酸碱度的高低对肥效影响较大，偏碱的水质对于某些元素，比如铁元素有不利的影响，最好把水质调整到弱酸性，对肥料中的各种元素的充分吸收有重要作用。另外，水质的硬度对肥料的吸收也有影响，因为过多的钙、镁离子会干扰其他元素的吸收，所以，最好把水的硬度调整到水草能适应的范围。

（8）根据饲养鱼数量和喂食量施肥

因水草肥料中基本不含氮和磷这两种水草需求量较大的元素，如果水草量大而鱼数量极少和喂食量极少，就要额外补充氮肥。因水草对磷的需求比氮少，且又是藻类生长的限制因子，因此，建议尽量不使用磷肥。

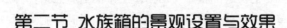

第二节 水族箱的景观设置与效果

一、造景原则

（一）师法自然

根据对自然景观和生活景物的细心观察，将美的景观浓缩于水族箱中，造景时灵活运用水草。

（二）多样与统一

水草的种类多样，布置水族箱中的水草品种若选择过少，会显得单调，如果太多，会杂乱无章，花里胡哨。所以，要掌握多样与统一的原则，使不同品种的水草达到和谐统一，表达同一主题，在统一中求变化，在变化中求统一。造景有前景、中景、后景、侧景之分，前景要配置1～2种低矮的水草（如鹿角苔、矮珍珠、地毯草），体现出水草的整体美；中景用2～3种（如绿柳、红柳、香菇草）较长的水草，每5～7棵为一丛，起到承前启后的作用；后景与侧景要选种长且线条丰满的水草（大宝塔草、红蝴蝶、菊花草），衬托前景和中景。

图 91 水族箱 1

（三）协调与对比

将色彩、姿态、线条相近的水草布置在一起，可呈现出整体协调与柔和感。中景选用绿柳、水芹叶，可产生协调一致的感觉。

通过差异和变化的手法，使人产生强烈的对比和刺激感。例如，中景可选用5～7棵红色水草（红蝴蝶、红柳），可与绿色的前景草、后景草相映衬，色彩上一冷一热，突出主体。在绿色的水草缸中放养色彩斑斓的热带鱼，使画面更加生动。

（四）均衡

不同的水草色彩各异，给人不一样的感觉，如体态庞大、色彩浓重的巨榕，因其质地粗厚，枝叶繁茂，给人浓重、厚实的感觉；而体态纤小、彩色淡雅的宝塔草，由于质地柔软，枝叶稀疏，给人一种轻盈摇曳的感觉。造景时，根据水族箱的特点配置水草，可采用规则式均衡和自然式均衡两种方法。

图 92 水族箱 2

（1）规则式均衡（对称法）：两侧均配植体态相近的水草（小竹叶、水韭），前景和后景配植牛顿草、苏奴草、鹿角苔等，放养几百条红莲灯，宛如一幅海阔天空的风景画。

（2）自然式均衡（不对称式）：两侧配植体态各异的水草，例如，左侧可配植大型皇冠草，右侧可配植数量多、单株小的丛生型水草，使整个水族箱画面均衡、美观。

图 93 水族箱 3

（五）韵律和节奏

水草的色彩、姿态、线条、层次应具有一定的规律性变化，搭配均匀，错落有致，给人一种韵律感，就像跳动的音符。

（六）主体突出

要有明确的主体，水草要搭配得当，突出主体。

（七）层次鲜明

水草、沉木、山石、观赏鱼，彼此之间应有主次之分，如水草有主景草、辅景草之分。选用两块石材时，一般要有大小主次之分。造景时根据主体需要，先确定主景的位置与造型。

图 94 水族箱 4

（八）动静相宜

放养观赏鱼，这样在观景的同时，可享受到鱼游动带来的不同于水草的乐趣，但要做到鱼与水草相协调。

（九）生态平衡

水草、鱼、微生物要做到生态平衡，这样才能尽显健康之美，景观才能保持长久。

二、造景风格

（一）亚马孙式造景风格

亚马孙河流域盛产皇冠、松尾及小红莓等有茎水草，河域有千年枯木枝干。在造景设计上，一般选用较大的水族箱，箱底铺设黑色或棕色系列的底沙（衬托水草），常用皇冠草作为主景草，选用亮绿的大水兰、牛顿草等有茎水草为衬景，最后配以古老造型的沉木，再放养一些能体现亚马孙风格的热带鱼类，如神仙鱼、小型灯鱼。

图 95 亚马孙式造景风格

（二）西非式造景风格

岩石、水榕、慈鲷是西非式造景风格的三要素。其中，水榕是西非热带水域最常见、最有特色的水草，所以常以水榕作为主景草。要求用够高够深的大型水族箱，选择长叶榕、燕尾榕等大型榕类水草作背景和侧景，前景和中景配植三角榕、小水榕等中小型榕类植物。岩石最好选用较平滑、整齐的，颜色可选用灰色或深棕色，沉木可选用细长而平坦的造型。西非风格的水草造景缸内最好饲养西非特有的小型鱼类，例如，小型的卵生鱼短鲷、慈鲷等，展现原始、狂野的西非水域。同时，再配合混养一些小型鲤科、脂鲤科的鱼，是相当有趣的组合。但放养的鱼的数量不宜过多，少量才能显现出萧瑟、原始而粗犷的造景设计特点。

图 96　西非式造景风格

（三）东南亚式造景风格

东南亚（泰国、斯里兰卡、马来西亚等）是椒草生长的故乡，椒草的种类较多，如浅棕色的咖啡椒草、虎斑椒草，淡绿色的温蒂椒草、长椒草，植株较高的喷泉椒草，较矮的矮椒草。椒草可作为主景草。在造景设计上，根据东南亚小城特色，运用造景原理，可构造出具有东南亚风格的水草景观。该造景风格主要放养东南亚特有的小型鲤科鱼类，如蓝三角、珍珠灯、神笔灯等。

（四）德国式造景风格

德国人崇尚自然，崇尚科学，在水族箱造景中也能体现出高科技的威力与大自然的魅力，充分展示出水草接近自然的生长状态，开放式的展示格局可更方便地从水底、水面、水中三个不同的空间角度欣赏到各种水草的生长变化。景观构思似乎显得粗旷、凌乱，但仔细欣赏之余就会发现其在造景布局上显示出别具一格的自然美。

图 97　德国式造景风格

德国式造景风格大多采用开放式的水族箱，没有上盖，使用专有的水草吊灯，可从前后、左右观察到水草的叶形、色彩、生长状况。因此，德国人会花很贵的钱去购买专业的照明设备、过滤设备，而不太在意水草造景的布局，形成了独特的德国式水草造景的自然美。

（五）荷兰式造景风格

荷兰式造景风格讲究唯美，把自然界中最美的比例关系——黄金分割法与技术应用于水族箱中，品种各异的水草应用黄金分割法巧妙栽植、合理搭配，使水草造景更具有层次分明的立体感，使黄金分割法成为国际水草造景评比的评分准则之一，也是目前代表国际水草造景流派最先进的技术之一。

图 98　荷兰式造景风格

荷兰式水族箱有三个特点：一是水族箱是封闭式的，水族箱 的顶部有带通气孔或不带通气孔的盖子。二是所种植的水草密度比较大，其布局根据区块和层次安排，较注重色彩搭配和水草形体的协调，使之成为一座水中花坛。三是在水族箱中放养热带鱼，有时只放养一种鱼，形成以鱼的名称为主题的水族箱。

荷兰式造景水族箱，一般将椒草当作前景草种植。椒草叶片大小不同，其颜色搭配也是一门学问，如墨绿椒草、虎斑椒草、咖啡椒草是浅棕色，桃叶椒草、温蒂椒草、长椒草是淡绿色，这些椒草多应用在侧面和后景部分。此外，也可在水族箱底部用丙烯板等材质设计成阶梯状，再分区种植各种水草。

（六）日本式造景风格

受中华民族传统文化的影响，日本式造景风格着重写意，追求心境的解放，追求人与自然合一的境界，犹如欣赏一幅写意的中国山水画。

图 99　日本式造景风格

日本式水草造景大部分会摆放石头，而且对石头非常重视，在形状、纹路、色泽等方面都非常讲究。日本式水中造景的另一特点是小巧玲珑，水草的布局往往只是一个局部景观，但里面不乏珍贵的水草，这也是日本式水草造景的一个特点。此种风格更加注重近距离欣赏，整体水族箱造景不如荷兰式水草造景那样气派、和谐。

（七）中国台湾式造景风格

中国台湾式造景风格发展较晚，但发展迅速，由于受中华民族自强、自信、自立民族精神的熏陶和各国水草造景流派的影响，博采众长，逐渐形成了自己独有的风格。台湾式造景主要选用难度系数较高的红色系水草，营造出热闹、喜庆的气氛。

图 100　中国台湾式造景风格

（八）中国大陆式造景风格

中国大陆式造景风格起步最晚，一般用山石、小桥、篱笆等营造出山水田园等景观，南方以广东、上海为代表，造景主要以纤细、嫩

图 101　中国大陆式造景风格

绿的水草和人造饰物营造出江南水乡的风韵和秀丽；北方以北京、黑龙江、吉林为代表，造景主要以大型宽叶水草为主，配合沉木、石材，多展现广袤草原或粗犷、大气的北国风光。

中国水草造景与日本水草造景有相似之处。中国水草造景吸收了荷兰水草造景的华丽、德国水草造景的自然和日本水草造景的富有诗意的优点，结合中华民族的特点，走出一条自己的路，是不失自然的、华丽的、富有诗情画意的、表象大气的水草造景。

三、造景步骤

①画出水草造景的配置图；

②准备好水草造景所有素材，如水族箱、器材、底沙、水草、石材、沉木、装饰品等；

③确定好室内的安放位置；

④安装加热系统。大型水族箱可安置底部加热器或在两侧安装加热棒；

⑤安装过滤设备。大型水族箱最好安置底部或顶部过滤器，也可采用外部过滤器；

⑥铺设底沙。首先清洗水草沙，然后在 2/3 的水草沙上添加水草基肥，在基肥沙上面撒上能培养各种细菌的红土基肥，最后将剩余的 1/3 水草沙铺于基肥沙上面；

⑦摆放沉木或石材，种植附着性水草；

⑧摆放其他装饰物；

⑨加入 1/3 水，注意不要冲起底沙；

⑩种植前景草，加水至 3/4；

⑪以水草配置图依次种植其他水草；

⑫加水至造景高度，捞出水面的叶片和杂物等。

四、日常维护

（一）每日维护工作

1. 上午（8：00～9：00）

（1）开灯。满足水草光合作用需要，便于欣赏。

（2）开景观增效装置，小桥流水、气雾等。

（3）开二氧化碳供给装置。

（4）检查各系统的运转情况。

（5）检查观赏鱼及水草生长状态。

（6）喂食。

（7）检测水质。

（8）捞出杂物。

2. 下午（16：00 ～ 17：00）

（1）检查各系统，观察观赏鱼。

（2）喂食。

3. 晚上（18：00 ～ 20：00）

检查各系统，关闭灯及增效装置。

（二）每周维护工作

（1）检查各系统的运转情况及水草、鱼的状态。

（2）检测水质。

（3）擦洗缸壁。

（4）清洗过滤棉。

（5）清洗鱼缸里的污物。

（6）换水。老水抽掉 1/4，换入调温的新水。

（7）添加硝化细菌、液肥。

（三）每月维护工作

（1）清洗过滤器。

（2）修剪水草。

（3）治疗鱼病。

（4）补施根肥。

（四）每年维护工作

翻缸再造。

第六章 观赏鱼常见疾病的预防与治疗

观赏鱼生活在条件可控的水环境中，体态优美，惹人喜爱。由于其特别娇贵，如果管理不科学，极易患病，造成死亡。因此，观赏鱼的疾病防治要特别重视。观赏鱼疾病的发生都有一定的原因和条件，外因（如病原体和外界环境）通过内因而产生变化。同种或不同种的观赏鱼类，由于它们的年龄、性别、机体结构与内分泌不同，其免疫能力差异很大。为做好疾病防治工作，必须了解观赏鱼的发病原因。观赏鱼发病原因与一般养殖鱼类相似，但由于其个体较小，体质娇弱，大多数饲养在小的水体环境中，因此，发病原因又有其特殊性。

第一节 观赏鱼发病的原因

一、环境因素

（一）水温

鱼是水生变温动物，它的体温随水温的变化而发生改变。当水温发生急剧变化时，鱼机体由于适应能力差而发生病理变化甚至死亡。观赏鱼种类不同，对水温的要求也不相同。例如，金鱼的最佳适温为22℃～25℃，可忍受的最高水温为34℃，最低为2℃，高于34℃或低于2℃易死亡。水温不适宜时，金鱼易发病，如水温低于20℃，极易感染小瓜虫病。热带鱼最适生活水温为24℃～28℃，大多数热带鱼低于20℃或高于30℃易死亡。

观赏鱼对温度变化极为敏感，水温突然变化，易造成观赏鱼死亡。

因此，在养殖过程中要密切注意水温的变化。

在寒冷季节，养殖金鱼或热带鱼的鱼缸最好放在窗户朝南的房间，室内气温要尽可能稳定。气温过低时，需给鱼缸加温，用火炉、暖气、电热器、火炕、灯泡或利用太阳光缓慢加温。

夏天，阳光强烈，室外的鱼池可种上水生植物（如凤眼莲等），覆盖水面，以避免太阳照射导致水温过高。鱼缸要放在凉爽、通风的地方。

鱼缸换水时，备用水水温应与鱼缸内水的温度基本一致，以防水温剧烈变化，造成鱼死亡。刚购买或引进的观赏鱼，最好把装鱼的塑料袋浸入准备放养的鱼缸或水池中，待两者水温达到一致时，再将鱼放入鱼缸或鱼池内。当然，在饲养过程中要适当地对观赏鱼进行驯化，创造一个不太“理想”的温度环境，以增强观赏鱼的抗逆性，但以水温变化不致使观赏鱼受损为度。

（二）溶解氧

水中含氧量的多少对鱼的呼吸及生命活动关系极大，水中溶氧过低，鱼会出现浮头现象；严重缺氧时，会造成大批死亡；溶氧过多，幼鱼易患气泡病。

一般来讲，金鱼对溶氧的需求量为 5 毫克 / 升，当溶氧量降到 2 毫克 / 升以下时，鱼轻度浮头；降到 0.6 毫克 / 升 ~ 0.8 毫克 / 升时，出现严重浮头；降到 0.3 毫克 / 升 ~ 0.4 毫克 / 升时就会死亡。热带鱼对溶氧的适宜需求量为 7 毫克 / 升以上，如果水中溶解氧降到 5 毫克 / 升时，热带鱼会浮头，如不及时增氧就会造成鱼死亡。

水中溶氧量最低值一般出现在午夜、黎明，所以，观赏鱼“浮头”现象一般出现在这段时间。夏季，如天气突变，气压低闷时也易引起鱼浮头。观赏鱼“浮头”实际上是对水中缺氧状态的一种适应行为，缺氧会引起鱼呼吸频率加快，严重缺氧时，鱼上浮水面，倾斜着身子，露出水面吞咽空气，若不及时抢救会造成死亡。解救“浮头”的观赏鱼时，要先解救严重浮头的，而后再渐及浮头轻的。观赏鱼轻微浮头时，零星分散于水面，鱼体向上倾斜的角度不大，轻拍双手有惊觉回避的反应，立即潜入水中。观赏鱼严重浮头时，鱼体与水体几乎呈垂直状态，轻拍双手无惊避反应，仍浮于水体表面。若鱼出现严重浮头现象，须立即抢救，加注含氧量高的新水或用增氧泵充氧，亦可泼洒双氧水缓解。

(三)pH

观赏鱼对水体酸碱度有一定的适应范围，金鱼最适 pH 为 7.8 ~ 8 的水质。实践证明，pH 偏低，金鱼活动缓慢，食欲下降，鱼体色彩不鲜艳，停止生长，水中溶解氧含量不低也会出现浮头现象；pH 过高，会使金鱼死亡。饲养热带鱼的水以中性或弱酸性为宜，如果水的酸性较强，鱼呼吸困难，生长缓慢，易造成鱼发病。如果水的碱性过大，热带鱼的鳃组织会受到腐蚀，影响其正常生活。

(四)有机质含量

在观赏鱼生长的旺季，由于投饵、施肥以及鱼体排泄物增多，易造成水体中有机物过多，微生物分解旺盛，消耗大量的氧气，产生有毒物质，如有机酸、硫化氢、氨和沼气等，造成水质恶化，影响鱼的生长，极易造成鱼患病。如水中含有 3 毫克 / 升的硫化氢，足以使鱼无法生活。有机质含量多的水鱼易发生鳃霉病和口丝虫病。因此，在养殖过程中要注意对水质的调控。

(五)二氧化碳含量

由于金鱼适宜生活在弱碱性的水体中，二氧化碳含量对金鱼影响较大。养鱼水体中二氧化碳的主要来源于金鱼、浮游植物和水生植物的呼吸，以及残饵和粪便的分解。如果水体中二氧化碳含量过高，会降低金鱼血红蛋白与氧气的结合能力。在这种情况下，即使水中溶氧含量不低，金鱼也会出现呼吸困难。一般情况下，由于游离的二氧化碳含量不大，不会对金鱼的生命构成直接威胁。在饲养管理中，只要及时把粪便、残饵等污物排掉，并适当添注新水，即可防止二氧化碳含量过高。

二、人为因素

(一)机械损伤

在运输、倒箱换水、捕捞等过程中，如果操作不仔细，易使鱼体受伤，造成鱼体出血、掉鳞、裂鳍或水泡眼破裂，很容易被水中的细菌和霉菌所感染，或受到寄生虫的侵袭，造成伤部感染发病。

（二）饲喂不当

饲喂饲料是观赏鱼养殖过程中重要的环节，对于鱼的正常生长、发育至关重要。如果饲料营养成分不全或不能满足鱼的营养需求，就会导致鱼发生各种营养性疾病，如蛋白质和必需氨基酸缺乏，会引起鱼萎瘪病；缺乏不饱和脂肪酸，会诱发烂鳍病；碳水化合物含量过高，会造成高糖肝症；缺少钙、磷等矿物质，会导致鱼弯体病和软骨病等；投喂不清洁和变质的饲料，易造成金鱼发病死亡，如细菌性肠炎病。

饲料投喂一定要定时、定量，不能时投时停，让观赏鱼处于时饱时饥的不正常状态，易引起体质衰弱，发生疾病。另外，投喂饵料时，还要根据季节、气候和鱼的食欲等情况确定投饵量，每次投喂量宜少不宜多。金鱼耐饥能力比较强，两三天不吃食料也不会饿死。但在饥饿状态下，一旦投喂了大量适口的、活的水蚤和水蚯蚓等，金鱼非常贪食，易胀死。

现在许多地方在池塘内养殖金鱼、锦鲤，天然饵料主要靠施肥来繁殖，若使用不当会造成不良后果。肥料本身是一种有机物，施肥过多，藻类吸收不了，多余的肥料分解要消耗大量的氧气。研究表明，分解1克牛粪要消耗5克氧气，尤其在盛夏，一次施肥量过多，易导致“泛塘”，造成鱼大批死亡。另外，未经发酵的有机肥施入鱼塘，会使水质恶化，还易引起鳃病。

三、生物因素

一般常见的鱼病多数是因病原体侵袭鱼体而引起的。病原体有微生物（如细菌、病毒、真菌和藻类等），还有寄生虫（如原生动物、蠕虫、蛭虫和甲壳类等）。除了由微生物、寄生虫引起的鱼病外，有些生物直接吞食或间接危害鱼类（如水鸟、水蛇、黄鳝、凶猛鱼类、水生昆虫、蛙类、青泥苔和水网藻等）。

家庭饲养观赏鱼，病原体多由外部带入养鱼容器中。带入病原体的途径很多，如由饵料、水草、养鱼用具等带入；病鱼用过的工具未经消毒，就用于无病鱼；新购入的观赏鱼未经隔离观察，就放入原来饲养的鱼群中等。

总之，观赏鱼疾病的发生有一定的原因和条件。一般情况下，决定于病原体、鱼机体的感受力和外界环境三方面，若三方面都不协调，则易发生鱼病。但在某些情况下，病原体虽然不存在也会发生鱼病，如营养性疾病、泛池（箱）等。因此，查找鱼发病原因时须全面考虑。

四、鱼体自身因素

（一）鱼体生理因素

鱼对外界疾病的反应能力及抵抗能力随年龄、健康状况、营养、大小等不同而不同。例如，车轮虫病是苗种阶段常见的流行病，随着鱼龄的增长，即使有车轮虫寄生，一般也不会引起疾病。鱼鳞、皮肤及黏液是鱼体抵抗寄生物侵袭的重要屏障，健康的鱼或体表不受损伤的鱼，病原体就无法进入，像打印病、水霉病等就不会发生。

如果鱼体健康，抗病力强，就不易得病。因此，在同一环境条件下，健康的鱼不容易得病，体质弱的鱼易发病。这就要求初学养鱼者选购观赏鱼时要特别注意鱼体的健康状况，凡是掉鳞、出血、烂鳃、烂尾、瞎眼和弯体的不要选购，要挑选体质健壮、游泳活泼、吃食主动和体色正常的健康鱼。

（二）免疫能力

病原微生物进入鱼体后，被鱼的吞噬细胞所吞噬，并吸引白细胞到受伤部位，一同吞噬病原微生物，表现出炎症反应。如果吞噬细胞和白细胞的吞噬能力难以阻挡病原微生物的生长繁殖速度时，局部的病变将随之扩大，超过鱼体的承受力时导致观赏鱼死亡。

第二节　观赏鱼疾病的预防措施

观赏鱼生活在水中，一旦发病，不像陆上动物那样容易观察、诊断和治疗，当鱼病严重时很难治愈。若暴发流行病，用药物也难以奏效，有些鱼病到目前还没有十分有效的治疗办法。所以，防治鱼病必须贯彻“无病先防，有病早治，防重于治”的原则，把防病和养鱼密切地结合在整个饲养管理过程中，做到“三分养，七分管”。

一、改善养殖环境，消除病原体滋生的温床

养殖环境主要是指养殖观赏鱼的容器和水体，容器有大型容器和小型容器之分，水族箱是家庭养殖观赏鱼的主要载体，也是养殖名贵观赏鱼的主要容器，与鱼池相比属于小型容器。

水族箱宜放置在光照适宜、能凸显观赏鱼美姿和动感的地方；定期用含氯制剂药物消毒水族箱；水族箱中水草的栽培及造景要科学，崇尚自然，使观赏鱼在安逸、舒适的环境中生长，这对疾病预防具有重要作用。捞网、加热棒、增氧泵等器件用 80 毫克 / 千克 ~ 100 毫克 / 千克的高锰酸钾溶液浸泡处理。

二、严格鱼体检疫，切断传染源

运输观赏鱼时，一定要做好鱼体的检验检疫工作，从根本上切断传染源，这是预防观赏鱼疾病的根本手段之一。

三、提高鱼体体质，预防病原体的滋生和蔓延

选购观赏鱼时，注意挑选特征明显、活动敏捷、健壮有力、色彩鲜艳的鱼，健康的鱼对病原体的抵抗力较强。

新购进的观赏鱼，放养前先进行鱼体消毒，通常采用药浴法，将鱼放在浓度较高的药液里，经过短时间的药浴杀死鱼体上的病原体。通常用于鱼体消毒的药物及方法如下。

1. 食盐

用食盐对鱼体进行消毒是最常用的方法，配制浓度为 3% ~ 5%，洗浴 10 分钟 ~ 15 分钟，可预防观赏鱼的烂鳃病、三代虫病、指环虫病等。

2. 漂白粉和硫酸铜合剂

漂白粉浓度为 10 毫克 / 千克，硫酸铜浓度为 8 毫克 / 千克，将两者充分溶解后混合均匀，将观赏鱼浸泡 15 分钟，可有效预防细菌性皮肤病、鳃病的发生。

3. 漂白粉

浓度为 15 毫克 / 千克，浸泡 15 分钟，可预防细菌性疾病。

4. 硫酸铜

浓度为 8 毫克 / 千克，浸泡 20 分钟，可预防鱼波豆虫病、车轮虫病。

5. 敌百虫

用 10 毫克 / 千克的敌百虫溶液浸泡 15 分钟，可预防原生动物病和指环虫病、三代虫病。

6. 呋喃唑酮

浓度为 5 毫克 / 千克，浸泡 2 小时左右，可以预防各种细菌性疾病。

四、保证饵料质量，科学饲喂

饵料的质量关系到鱼的生长发育与健康。饵料要新鲜、清洁和适口，发霉变质的饵料不能饲喂。从野外天然水体中捞取、饲喂的水藻、浮萍等有可能将某些病原体带入鱼池（鱼缸）中。一旦条件适宜，病原体大量繁殖，会使鱼致病。因此，饲喂活饵料前要进行消毒，用 10 毫克 / 升的高锰酸钾溶液浸泡 10 分钟，10 毫克 / 升的漂白粉溶液浸泡 5 分钟，然后用净水冲洗，再饲喂。饲喂饵料根据鱼体大小、摄食和生长情况，定点、定质、定时、定量饲喂，不要随意多投、少投，更不要几天不投，还要根据季节、气候等情况调整饲量。

五、日常管理

饲养管理与鱼病的发生有密切的关系，凡是加强管理，科学养鱼的饲养者，一般能较好地控制鱼病的发生和流行。加强饲养管理，提高观赏鱼的抗病力，为观赏鱼创造良好的生活条件，是防治鱼病的根本。

（一）放养密度要合理

不能过密，否则鱼生长不好。放养的鱼最好是同一品种的，规格相近，以便管理。如果鱼体规格差别大，体质强弱不同，抗病力不一样，则易发病。

（二）要保持良好的水质环境

经常换水，清除杂物及污染物，使观赏鱼生活在良好的环境中。经常观察鱼的活动状态，发现鱼活动异常，就要采取措施。换水、捞鱼时要细心操作，避免鱼体受伤，鱼体受伤后会感染疾病或影响观赏效果。

（三）鱼池、容器及工具消毒

养殖观赏鱼前，鱼池、容器要彻底消毒。室外池塘用生石灰清塘，有干法清溏和带水清塘两种。干法清塘的方法是：选择晴天，把池塘水放干，留 6 厘米～10 厘米深度的水，在池底各处挖出几个小坑，以溶解石灰。小坑的多少，以能全池泼洒均匀为原则，生石灰用量每亩为 100 千克～200 千克。带水清塘的方法是：生石灰用量（平均水深 1 米时）为每亩用 250 千克～300 千克，生石灰化浆后，全池泼洒。一般清塘 7～10 天，药性消除后即可放养。新建水泥池要先进行脱碱才能使用，用 0.25% 的磷酸溶液灌满池中，浸泡 1～2 天后排出，然后用清水洗刷池壁。冲洗干净后，放入老水浸泡 10 天左右，待池壁出现青苔，放入几尾鱼试水，确认安全后再放鱼。新购置的陶瓷容器、玻璃容器及用具，以及久未用过的容器和工具等都要先进行消毒，最简单的方法是在阳光下暴晒 1 天，也可用 3% 食盐水或 10 毫克 / 升高锰酸钾浸泡半天至一天，也可用 20 毫克 / 升漂白粉消毒。

在观赏鱼易发病的季节，池塘、容器及用具要经常消毒，定期进行水体消毒，以杀灭水中或鱼体上的病原体，杜绝传染源。如果池塘、水泥池、鱼缸发生过鱼病，必须彻底消毒。

六、加强免疫防病

对病毒性鱼病可采用免疫法，使鱼体获得特异性免疫能力，从而达到预防疾病发生的目的。我国生产的鱼用疫苗主要有两大类：一类是组织浆灭活疫苗，另一类是细胞培养灭活疫苗。常用的免疫接种方法有以下两种。

1. 注射法

注射法主要适用于池塘养殖锦鲤、龙鱼、大型海水鱼、大型金鱼，用医用注射器或鱼用连续注射器将疫苗注入鱼体腔内。注射部位以腹鳍基部斜向进针最好，也可用背部肌内注射法。免疫注射前，最好用1/5000浓度的晶体敌百虫对鱼体进行消毒和麻醉，既杀灭了体表寄生虫，又可减少因注射药物时鱼挣扎受伤。

2. 浸泡法

将疫苗配成一定的浓度后，将观赏鱼放入其中浸泡，主要适用于个体较小的鱼。

第三节　观赏鱼疾病的检查及诊断方法

检查及诊断鱼病是防治的重要步骤，由于观赏鱼患病后难以治疗，必须本着“预防为主，防治结合”的原则，做到“无病先防，有病早治”，要及时发现鱼病，及时处理，以免扩大传染。为了达到积极治疗的目的，必须对鱼病迅速做出正确的诊断。首先要注意观察鱼的活动状态，及时发现病鱼。病鱼的症状主要表现在体色、行动及食欲等方面。健康的鱼体色正常，病鱼体色呈黑色或灰白色，暗淡无光，头部乌黑，尾鳍、背鳍末端发白，皮肤充血，黏液多，脱鳞，鱼鳍残损或舒展无力，有的体表上有红斑或白点，与水色极不协调。有的体表有溃疡、创伤、瘤状物和竖鳞等。健康的鱼通常成群游动，动作灵活自如；而病鱼一般离群独游，行动迟缓，浮于水面打转或靠近边角独处，不上升，不下沉，对外界声音等无反应，很容易捕捉到。有的病鱼在池中急速狂游，上下冲击，甚至跳出水面等。健康的鱼食欲旺盛，病鱼则食欲减退，食量减少，甚至不吃食，身体瘦弱。观赏鱼生病时，除上述一般症状外，每种疾病都有特殊症状，为了能正确诊断鱼病，必须进行细致检查。对鱼体的检查方法一般有肉眼检查和镜检两种。

一、肉眼检查

（一）行为的异常表现

（1）浮于水面或游动迟缓。人走近时，观赏鱼仍浮在水面，靠近池壁，这是鱼得气泡病、车轮虫病、斜管虫病等的症状。

（2）食欲减退，离群独游，背鳍不挺，尾鳍无力，下垂，饵料吞进口里又吐出，严重时长时间拒食。患锚头蚤病、瘦弱病表现此症状。

（3）鱼游动不安，急窜，上浮，下游，狂动打转不止，有时腹部朝上，有时沉入池底，鱼体失去平衡，可能患中毒症、水霉病。

（4）观赏鱼不停地用身体擦水草、池壁，可能是体表有寄生虫，如中华蚤、日本新蚤、小瓜虫。

（二）体色的异常表现

（1）观赏鱼体色暗淡无光，身体消瘦，这是烂鳃病、感冒病的症状。

（2）皮肤变成灰白色或白色，体表覆盖一层棉絮状白毛，肌肉糜烂，这是水霉病的症状。

（三）其他异常表现

（1）观赏鱼皮肤充血，体表黏液增多，鱼鳞部分竖起或脱落，鱼鳞间或局部红肿发炎、溢血点或溃疡点，鳍条充血，全身鳞片竖立，尾鳍末端腐烂，这是竖鳞病、鳍腐烂病的症状。

（2）鳃部有充血、苍白、灰绿色或灰白色等异常现象，甚至出现米粒状的颗粒，鳃有糜烂、缺损现象，这是烂鳃病的症状。

（3）病鱼腹部肿胀，粪便呈白色黏球状，是水肿病的症状。

（4）病鱼肛门拖着一条黄色或白色的长而细的粪便，游动时甩不掉，严重时肛门红肿，腹部出现红斑，轻压腹部时，肛门有血黄色黏液流出，这是出血病的症状。

（5）观赏鱼额头和口周围变成白色，时有充血现象，这是白头白嘴病的症状。

（6）把鱼放在手上，健康鱼的眼球会在水平方向来回转动，而病鱼反应较迟钝或无反应。

二、镜检

镜检就是用显微镜或解剖镜对病鱼进行更深一步的检查。有些鱼病可能是并发症，这就必须判断哪种病是主要的，弄清楚每一种病的病症表现。因此，除一些比较明显，凭肉眼就能确定的诊断外，须进行镜检，查找出病源，进而采取相应措施。

镜检的方法：从病变部位取少量组织或黏液置于载玻片上，如果是体表、鳃的组织或黏液，须加少量水，如果是内脏组织，则需用生理盐水（0.85% 食盐水），然后盖上盖玻片，并稍加压平，在显微镜下进行观察（没有显微镜，可用倍数较高的放大镜）。由于镜检只能检查其中很少的一部分组织，就整个病变部位或器官来讲，能检查到的面积是很小的。因此，最好能多检查几个不同点的组织，一般至少检查三个不同点。在整个诊断过程中，将抽检到的物质结合各种鱼病流行季节、各阶段的发病规律进行分析比较，做出正确诊断，及时对症下药。

第四节　观赏鱼疾病的给药方法

一、全池洒药法

这一做法的目的是杀灭鱼体和水体中的病原体，以达到治疗的目的。具体方法是，用低浓度、对鱼安全又有明显疗效的药物，均匀地泼洒入水体中。全水体泼洒法的关键是要准确计算用药量，工作一定要仔细，如果浓度偏高，超过安全范围，不仅不能治病，还有可能造成鱼中毒死亡。家庭饲养用的小缸、小池全池泼洒时，要控制观赏鱼的密度，以保证施药 3 ~ 5 天内不换水鱼也不浮头为原则。施药后，每天要及时清除残饵和粪便，尽量不加注清水，4 ~ 5 天后开始加注清水。有增氧设备的，鱼的密度可适当高些，施药后可增氧。另外，施药前最好让鱼停食 1 ~ 2 天。关于全池泼洒的次数，一般寄生虫病泼洒 1 次即可治愈，传染性病一般泼洒 2 ~ 3 次，两次之间要间隔 5 ~ 7 天。

二、药浴法

此法是指在一定容器内，配置高浓度的药物，用较短的时间浸泡鱼体，从而达到杀灭鱼体和水体中的病原体的目的。具体方法是，先用固定的容器，如水缸和水盆等盛入一定量的清水，然后按比例加入所需药物，药物充分溶解后，将药液搅匀，再用温度计测试水温，确定浸泡时间，然后将病鱼放入药液中浸洗。记好放鱼时间，观察鱼的活动情况。如果鱼忍受不了药物的刺激出现异常，立即将鱼捞出放入事先准备好的清水中，通常浸泡 10 ~ 15 分钟，以洗去鱼体和鳃上黏附的药液。

浸泡时间的长短根据水温高低、药物浓度及鱼体耐药程度确定。一般水温高，药效作用快，浸泡时间相对短些；而水温低时，药效作用时间慢，浸泡时间相对长些。在药物安全的范围内，浸泡时间可适度延长些，寄生虫病一般浸泡 1 ~ 2 小时即可奏效，传染性鱼病则需浸泡多次才能痊愈，重复浸泡间隔 1 ~ 2 天。浸泡的药物要现用现配，一次配好，可浸洗多批鱼。每一批浸洗的鱼的数量不宜过多，以鱼不浮头为原则。

三、药饵法

将药物拌入饵料中饲喂，主要防治鱼内脏器官病和体内寄生虫病，适用于早期治疗。当病情严重，鱼停止摄食或摄食量很少时，此法效果较差。

四、注射疗法

注射疗法通常采用腹腔、胸腔和肌肉注射，主要治疗一些传染性疾病。注射药物比口服药物进入鱼体内的药量准确，用药量少，且吸收快，疗效好，但较麻烦。病鱼的数量少且个体较大时可采用此法。

五、局部处理

此法是对鱼的局部受伤处进行处理，如摘除鱼体表可见的寄生虫、患部涂药等。涂擦药物时一定要使鱼的头朝上，防止药物流入鳃腔。有些外伤和局部病灶需要多次涂抹，通常每天涂一次，隔天涂第二次。涂药后立即将鱼放入清水中，洗掉多余的药液，再移入水缸中饲养。

六、悬挂药袋（篓）

此法通常在发病初期或病情较轻时使用，尤其在面积较大的鱼池中使用较多。此法的原理是在池水中造成一定浓度的药物区域，使鱼在能忍受的药物浓度范围内自由出入该区域，受到药物的作用，达到杀死其体表和鳃部等部位的病原体的目的。悬挂药袋（篓）的地点通常在食台或食场，即鱼能自愿、多次进入的地方，只有如此才能收到好的效果。

观赏鱼用药的注意事项：化学药物和生物制剂须使用有批号的正式厂家的产品，注意鱼药的有效期，以保证用药安全和准确。保存好药物，大多数鱼药须低温和干燥存储，否则易造成药物失效。注意对症下药，全面了解药的性质、疗效等，以达到对症下药，药到病除。避免多种药混合使用，以防产生化学反应和副作用。注意水质条件，部分鱼药受水温、pH 等影响，产生不同的药效，根据水质条件合理计算。准确计算用药量和坚持疗程，且一次到位。用药量少，药效达不到，不但治不好鱼病，还会产生病菌的抗药性；用药量过大，会对鱼产生毒害，造成死亡。尽量避免长期使用同一种药，以免产生抗药性。

第五节　常见观赏鱼疾病的治疗

一、细菌性疾病

细菌性疾病是由细菌感染引起观赏鱼发生病理变化和死亡的一类常见疾病。此类疾病的最大特征是，病鱼表现出不同程度的炎症，症状明显。对其治疗除通过生态预防外，可用药物有效预防和治疗。常见的疾病有烂鳃病、细菌性肠炎、白皮病、出血性腐败症、打印病、竖鳞病、疖疮病和白头白嘴病等。

（一）烂鳃病

病因：该病是由柱状纤维黏细菌引起的以烂鳃为特征的疾病。

症状与诊断：鳃丝呈粉红或苍白色，继而组织破坏，黏液增多。严重时，鳃丝与鳃盖骨的内表皮充血，中间部分的表皮亦被腐蚀成一个圆形或不规则的透明小窗，软骨外露。病鱼常离群独游，行动缓慢，体色变得黯黑，头部更严重。往往因呼吸受阻，窒息而死，死亡率较高。

发病季节：终年均可发生，以春末、夏初和夏末、秋初（每年的

4 月和 10 月）为多见。

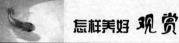

治疗方法：用 2% 的食盐水溶液浸泡 5 ~ 15 分钟；用 20 毫克/升呋喃西林或呋喃唑酮浸洗 30 分钟；在水族箱中投放氯霉素，使水体浓度达到 2×10^{-6}，可抑制有害细菌的繁殖，同时用硝酸汞对水体进行杀菌（水体浓度为 0.1×10^{-6}），24 小时后换水 1/4。用中药大黄，每 0.5 千克大黄（干品）用 10 千克的氨水（0.3%）浸泡 12 小时后，大黄溶解，连药液、药渣一起全池泼洒，浓度为 2.5 毫克/升 ~ 3.7 毫克/升；每立方米水体使用 1.5 克 ~ 3 克的五倍子煎汁，全池泼洒。

（二）细菌性肠炎

病因：该病是由点状产气单胞杆菌引起的以肠道发炎充血，甚至肠道发紫为特征的疾病。

症状与诊断：发病时，鱼呆浮，行动迟缓，离群，厌食，甚至失去食欲。鱼体发黑，头部、尾鳍更为明显，腹部膨胀并出现红斑，肛门红肿。初期排泄白色线状黏液或便秘，严重时，轻压腹部有血黄黏液流出。剖检可看到腹腔积水、肠道发炎充血，严重时肠道呈紫红色，肠内无食物，只有淡黄色的黏液和浓血。

发病季节：多见于 4 ~ 10 月。

治疗方法：在 5 千克水体中溶入呋喃西林或痢特灵 0.1 克 ~ 0.2 克，然后将病鱼浸浴 20 ~ 30 分钟，每天 1 次；用呋喃西林或痢特灵药液全池（缸）泼洒，药量按每 50 千克水投放 0.1 克，预防效果很好；按每千克鱼体重用 0.1 克痢特灵拌在饲料中投喂，每天 1 次，连喂 3 ~ 4 天；保持水质清洁，适时吸除水中污物，防止水质腐败。

（三）竖鳞病

病因：该病是由极毛杆菌引起的以鳞片竖起为特征的疾病，严重影响观赏效果。

症状与诊断：病鱼体表粗糙，部分或全部鳞片竖起呈松球状，鳞基部组织发炎、充血、水肿，在鳞片上轻轻一按，鳞片就会脱落，有时伴有鳍基充血，皮肤轻度充血，眼球外凸，病情严重则死亡。

发病季节：一般冬、春两季为多见。鱼越冬后，抵抗力减弱，最容易患此病。主要危害个体较大的成鱼，但传染率不高，很少见大批鱼患病。

治疗方法：将病鱼放入盐度为 1×10^{-3} 的食盐水和浓度为 20×10^{-6} 的高锰酸钾混合液中药浴 1 小时，每天两次，连续 1 周；用 2% 的食盐和 3% 的碳酸氢钠溶液混合药浴 10 分钟，每天 1 次；每 10 千克鱼体重每天用 0.8 克～1.0 克氟哌酸拌入饵料中，每天 1 次，连服 6 天；每 10 千克鱼体重每天用 0.3 克～0.6 克维生素 E 拌入饵料中，长期服用可有效预防竖鳞病。

（四）水霉病（白毛病）

病因：这是一种真菌性皮肤病，在捕捞、运输时鱼体受外伤或寄生虫使鱼的皮肤受伤后被霉菌孢子侵入而引起的，是极为常见的鱼病。

症状与诊断：病鱼肌肤组织溃疡，黏液增多，体表出现灰白色的棉絮状菌丝；菌丝体寄生在鱼体患处，渐入肌肉，吸取鱼体内的养分，病鱼表现得焦躁不安，动作迟钝，食欲减退，最后死亡。

发病季节：四季均可发生，尤其在早春、晚冬，鱼受伤且水质差时易诱发此病。

治疗方法：将患病鱼小心捞出，置于 2%～3% 食盐水中浸浴 15 分钟左右，每天 1～2 次，待水霉菌丝体脱落为止；患病鱼放入浓度为 0.2×10^{-6} 的福尔马林中药浴 20 分钟左右，然后在水族箱中添加浓度为 0.2×10^{-6} 的硫酸链霉素，使水中浓度达到 0.2×10^{-6}，效果也较好；用（1～2）$\times10^{-6}$ 的孔雀石绿溶液或 2×10^{-6} 的高锰酸钾与 1% 的盐水混合后将病鱼浸泡 20～30 分钟，每天 1 次。小心操作，避免鱼体受伤；消灭外寄生虫。

（五）打粉病（白衣病）

病因：该病是鱼感染嗜酸卵甲藻而引起的，以体表黏液增多并出现白点为特征。

症状与诊断：病鱼初期体表黏液增多，背鳍、尾鳍及体表出现白点，白点逐渐蔓延至尾柄、头部和鳃内，目检与小瓜虫病症相似。后期病鱼游动迟缓，严重时体表就像裹了一层面粉，最后逐渐消瘦，呼吸受阻导致死亡。金鱼易发生此病。

发病季节：春末至初秋，水温为 22℃～32℃时易发此病。

治疗方法：用浓度为 10 毫克 / 升 ~ 25 毫克 / 升的碳酸氢钠全池泼洒，适用于小水体；用浓度为 10 毫克 / 升 ~ 20 毫克 / 升的生石灰全池泼洒，适用于大水体。

（六）打印病（腐皮病）

病因：由点状产气单胞菌侵入鱼体表造成肌肉发炎、腐烂的一种疾病。

症状与诊断：发病部位主要在背鳍和胸鳍以后的躯干部分，其次是腹部侧面或近肛门两侧，少数发生在鱼体前部。发病初期先是皮肤、肌肉发炎，出现红斑，后扩大成圆形或椭圆形，边缘光滑，分界明显，似烙印，俗称“打印病”。随着病情的发展，鳞片脱落，皮肤、肌肉腐烂，甚至穿孔，可见到骨骼或内脏。病鱼身体瘦弱，游动缓慢，发病严重时陆续死亡。

发病季节：以夏季水温 28℃ ~ 32℃为流行高峰。

治疗方法：参照其他的革兰阴性菌的治疗方法即可。用 20 毫克 / 千克呋喃西林药浴 10 分钟 ~ 20 分钟；每尾观赏鱼注射青霉素 10 万国际单位，同时用高锰酸钾溶液擦洗患处，每 500 克水用高锰酸钾 1 克。发病季节用 120 毫克 / 千克的漂白粉全池泼洒消毒。

（七）白头白嘴病

病因：因水温过高，饲养密度过大，长期不换水，水中有机废物太多，导致多种细菌并发而致病，特别是不足 1 年的幼鱼更易感染。

症状与诊断：病鱼的额部和嘴的周围细胞坏死，变白，发生溃疡，有时会带有灰白色的棉絮状溃烂层。体瘦发黑，随后病鱼表现为食欲不振，躲在角落处，精神萎靡，严重时全身溃烂致死。

发病季节：此病多见于 5 月下旬至 7 月上旬，发病极快，传染迅速。

治疗方法：用盐度为 20×10^{-3} 的食盐水药浴病鱼 15 分钟，每天 2 次；用浓度为 0.4×10^{-6} 的硫酸铜和浓度为 1×10^{-6} 的硫酸亚铁合剂药浴病鱼，每天 2 次，每次 1 小时左右；在水族箱中泼洒氯霉素，使水体浓度达到 5×10^{-6}，24 小时后换水 1/3，3 天后再重复用药；在饵料中拌入呋喃唑酮，每 100 克拌 1 克呋喃唑酮粉剂，连续投喂 4 ~ 5 天。

（八）烂尾病

病因：鱼尾擦伤或被寄生虫损伤后被细菌感染所致。

症状与诊断：病鱼尾鳍呈白色，末端裂开，严重时尾鳍烂掉。此病多发生在尾鳍较薄的观赏鱼品种，尤其以珍珠鱼较常见。

发病季节：一年四季均可发生此病，当年鱼、产卵亲鱼都会患此病。

治疗方法：用孔雀石绿 1% 浓度水溶液涂抹患处，每天 1 次，连续 3 ~ 5 天。再用浓度为 1 毫克 / 千克 ~ 2 毫克 / 千克的呋喃西林（或 1 毫克 / 千克呋喃唑酮）全池泼洒。用浓度为 0.8 毫克 / 千克 ~ 1.5 毫克 / 千克的利凡诺全池泼洒，适用于名贵品种。

（九）赤皮病

病因：该病是鱼因感染荧光极毛杆菌发生的以皮肤发炎、充血为特征的疾病。

症状与诊断：鱼皮肤发炎充血，以眼眶四周、鳃盖、腹部、尾柄处较常见，以胸鳍基部最多，鳍条间的组织被破坏，鳍条腐烂，鳞片脱落。肠道、肾脏、肝脏等内脏器官都有不同程度的炎症，与出血病不同处是肌肉正常，口腔内没有炎症。

发病季节：一年四季均有发生，春末至秋初是流行季节。水温 20℃ ~ 30℃时为流行盛期，水温降至 20℃以下时，少数病变部位炎症，组织坏死。

治疗方法：必要时拔除四周的病变鳞片，然后用 0.1% ~ 1.0% 浓度呋喃西林药浴，每天 2 ~ 3 次；用呋喃西林或呋喃唑酮 0.2 毫克 / 升 ~ 0.3 毫克 / 升浓度全池泼洒进行早期治疗，如病情严重时，浓度可增加到 0.5 毫克 / 升 ~ 1.2 毫克 / 升。

（十）黄乳泡病

病因：主要是泡内的淋巴液受到某些细菌的感染，或由于外伤引起泡壁充血、发炎感染所致。

症状与诊断：黄乳泡病是水泡眼金鱼常见病之一，病鱼的两泡或单泡由半透明变为乳白色或脓黄色。轻者自愈，严重者患泡溃破或萎缩，有损观赏。

发病季节：夏、秋季多见。

治疗方法：保持水质清洁，在换水、捕捞过程中小心操作，避免伤及水泡；饲养密度稍稀些；发病初期用氯霉素眼药水擦患泡或用小针头抽去患泡脓液，注入少量青霉素、庆大霉素或氯霉素眼药水，可收到一定的效果。

二、病毒性疾病

这是一类由病毒引起的鱼病，它引起鱼死亡的速度、传播范围及损失比细菌性疾病严重得多。目前，治疗病毒性鱼病还比较困难，更多的方法是改善观赏鱼的环境条件，采取生态免疫和药物预防的方法，增强鱼体自身的抗病力和切断传染源。主要疾病有痘疮病、出血病等。

（一）痘疮病

病因：该病是由病毒感染引起的以表皮增生为特征的疾病。

症状与诊断：发病初期，体表或尾鳍上出现乳白色小斑点，覆盖着一层白色黏液。随着病情的发展，病灶部位的表皮增厚，形成大块蜡石状的“增生物”。病鱼消瘦，游动迟缓，食欲较差。鱼体表面局部充血，继而破裂、溃烂，露出肌肉。发病过程较长，一般为两周左右。病情严重时，鳞片脱落，引起原生动物及多种细菌并发，形成模模糊糊的脓疱状或脓疮状，最后鱼穿孔而死。

发病季节：秋末、冬季水温较低（15℃左右）时易发生此病。

治疗方法：最有效的治疗方法是水温保持在28℃以上，除去寄生的真菌和藻类，再涂敷浓度为 100×10^{-6} 的孔雀石绿于伤口，每天两次；或用浓度为 10×10^{-6} 的孔雀石绿药浴病鱼 5 分钟，然后放回水族箱，增加鲜活动物性饵料的投喂；或用浓度为 100×10^{-6} 的福尔马林浸泡病鱼 10 分钟，然后往水族箱中加入浓度为 10×10^{-6} 的福尔马林与浓度为 0.1×10^{-6} 的孔雀石绿混合剂，3 天后重复用药 1 次；或将呋喃唑酮粉敷于穿孔处，然后往水族箱中加入呋喃唑酮与福尔马林合剂，使水中两种药物的浓度均达到 10×10^{-6}，同时将水温保持在 28℃以上。用浓度为 10 毫克 / 升的红霉素浸泡 50 ~ 60 分钟，对预防和早期治疗有一定的效果；用浓度为 0.4 毫克 / 升 ~ 1 毫克 / 升的红霉素全池泼洒，10 天后再泼洒 1 次，均有一定的疗效。

（二）出血病

病因：该病是由呼肠孤病毒感染引起的全身出血性疾病。

症状与诊断：病鱼的眼眶四周、鳃盖、口腔和各鳍条的基部充血，将皮肤剥开，发现肌肉呈点状充血。严重时，全部肌肉呈血红色，某些部位为紫红色斑块。解剖病鱼时会发现，肠道、肾脏、肝脏和脾脏也都有不同程度的充血现象。病鱼游动缓慢，食欲很差。

发病季节：终年可发生，尤其以 6 ～ 10 月为多见。

治疗方法：流行季节用浓度为 1 毫克 / 升的漂白粉全池泼洒，每 15 天进行一次预防，有一定的作用；把病鱼放入浓度为 10 毫克 / 升 ~ 20 毫克 / 升的呋喃西林或痢特灵的药液或 2% ～ 3% 的盐水中浸泡 10 ～ 15 分钟，隔天 1 次；严重者在 10 千克水中，加入 100 万国际单位的卡那霉素或 8 万 ~ 16 万的庆大霉素，病鱼水浴静养 2 ～ 3 小时，然后换入新水饲养。

三、寄生性疾病

（一）小瓜虫病（白点病）

病因：由小瓜虫侵入鱼体所致。

症状与诊断：初期病鱼体表、鳃丝、尾鳍有白点状的胞囊，严重时，全身皮肤和鳍条布满白点和盖着白色的黏液。病鱼瘦弱，鳍条破裂，体色暗淡，少光泽，动作迟钝，呼吸受阻，常试图摩擦身体，最后死亡。

发病季节：一般发生在 12 月至翌年 6 月，水温 15℃ ~ 25℃为小瓜虫繁殖的温度，水温在 10℃以下或 28℃以上，小瓜虫幼虫发育停止或逐渐死亡。

治疗方法：切忌用温差过大的新水换水，致使鱼体感冒，让病虫乘虚侵害鱼体。每立方米水体用0.05克 ~ 0.1克硝酸亚汞进行全池（缸）泼洒；在 10 千克水中放入 0.5 毫升 ~ 1 毫升红汞（即医用红药水），浸浴病鱼 5 ～ 15 分钟；每立方米水体泼洒 3 克 ~ 5 克红汞，使药物浓度为 3 毫克 / 升 ~ 5 毫克 / 升。

（二）鱼鲺病

病因：该病因日本鱼鲺破坏鱼的体表组织，分泌毒液，鱼虱附着于鱼体表面，吸食鱼的血液，造成伤口感染细菌或真菌。

症状与诊断：鱼鲺破坏鱼体表组织，使鱼疼痛，焦躁不安，或跃于水面或急剧狂游。在 7 ~ 8 月天气炎热病情严重时，鱼鲺布满鱼全身，鱼体因毛细血管破裂而出血变红，不断分泌黏液，全身被一层黏液包裹着。鱼鲺以其尖锐的口刺和锯齿状的大颚不断地刺伤鱼体皮肤，撕破表皮，使血液外溢，呈现红血斑。再以口管吸食，口刺分泌的毒液对鱼体产生强烈的刺激。若不及时治疗，最后鱼因瘦弱而死亡。

发病季节：常在春季发生。

治疗方法：发现个别鱼体有少量鲺时可用镊子夹取，在鱼体出血的地方涂抹红汞或紫药水；每立方米水体用 90% 的晶体敌百虫 0.25 克 ~ 0.5 克，溶解后全池泼洒；在 10 千克水体中投放晶体敌百虫，浸浴病鱼 10 ~ 15 分钟，一周内连续药浴病鱼 3 ~ 4 次；用高锰酸钾 0.5 克溶于 50 千克水中，浸浴病鱼 0.5 ~ 1 小时，然后放入换过新水的池（缸）中饲养。养鱼用水必须暴晒几天，捕捞回来的红虫等必须仔细检查一下有无寄生虫或其他害虫及虫卵，严格用漂白粉消毒后才可饲喂，这是预防和减少鱼病发生的有效方法。

（三）锚头鳋病

病因：锚头虫刺穿鱼体组织之后贴在鱼身上，引起鱼不安，消瘦。

症状与诊断：寄生锚头鳋的病鱼表现出焦躁不安，减食，消瘦，虫体寄生在鱼体各部位，呈白线头状，随鱼漂动。有的虫体上长有棉絮状青苔，往往被误认为是青苔的苔丝挂在鱼身上。这种害虫凶猛贪食，寄生处会出现不规则的深孔。虫的头部钻到鱼体肌肉里，用口器吸取血液，也噬食鳞片和肌肉，靠近伤口的鳞片被锚头鳋分泌物溶解腐蚀呈不规则缺口，为水霉菌、车轮虫等的侵袭创造了条件。因此，被锚头鳋寄生的病鱼，往往会并发其他疾病。

发病季节：一年四季均可发生，夏秋季较多。

治疗方法：锚头鳋数量很少时，用镊子除去，数量较多时，用高锰酸钾溶液浸泡病鱼，水温为 15℃ ~ 20℃时，用 10 毫克 / 升 ~ 20 毫克 / 升的高锰酸钾溶液浸洗 1 ~ 2 小时，每天 1 次，3 天后锚头鳋全部死亡。水温 30℃以上时要降低高锰酸钾溶液浓度；也可用

（0.3 ~ 0.5）$\times 10^{-6}$（0.3 ~ 0.5ppm）敌百虫溶液药浴，虫体被麻痹并脱落掉入水底，然后将鱼捞回原缸，用敌百虫溶液泼洒原缸。

（四）三代虫病

病因：由三代虫侵袭鱼体而引起的鱼病。

症状与诊断：病鱼瘦弱，初期鱼表现得极度不安，时而狂游于水中，时而急剧侧游，在水草丛中或缸边撞擦，企图摆脱病原体的侵扰。继而食欲减退，游动缓慢，终至死亡。

发病季节：全年均可发生，以 4 ~ 10 月为多见。

治疗方法：用20毫克/千克浓度的高锰酸钾水溶液浸洗病鱼，用0.2毫克/千克 ~ 0.4 毫克/千克浓度的晶体敌百虫溶液泼洒全池。

（五）斜管虫病

病因：病原体为斜管虫。

症状与诊断：病原体寄生于鱼体的皮肤和鳃上，表皮组织受侵袭时分泌物增多，逐渐形成由小到大的白色雾状膜，严重时遍及整个鱼体表面，使鱼体失掉原有的光泽，体色变暗，并逐渐消瘦。病鱼在硬物体上摩擦，合拢鳍。当鳃部受到侵害时，鱼呼吸困难，促使病鱼游到水表层呈“浮头”状，加速鱼的死亡。

发病季节：斜管虫繁殖的适宜水温为 12℃ ~ 18℃，水温降低至8℃ ~ 12℃时仍可大量出现。每年 12 月至翌年 5 月为流行季节。

治疗方法：用 2% 浓度的食盐溶液浸洗 5 ~ 15 分钟。用浓度为20 毫克/升的高锰酸钾溶液，水温 10℃ ~ 20℃时，浸洗 20 ~ 30 分钟；水温 20℃ ~ 25℃时，浸洗 15 ~ 20 分钟；25℃以上时，浸洗10 ~ 15 分钟。用浓度为 0.7 毫克/升的硫酸铜溶液泼洒全池。

（六）寄生性烂鳃病

病因：常见的寄生虫有指环虫、车轮虫、黏孢子虫和鳃霉菌。

症状与诊断：病鱼精神呆滞，少食，甚至停食。体色黯黑，头部更甚，鳃盖不能闭合，鳃丝充血，多黏液，鳃瓣上充满许多形状和大小不规则、轮廓清楚的孢囊，使鱼呼吸困难，最后因缺氧死亡。

发病季节：多见于 4 ~ 10 月。

治疗方法：初期可用 2% ~ 3% 的食盐水在患处涂擦，冲洗鳃部或把病鱼放入食盐水中浸泡 5 ~ 15 分钟；在 5 千克水中加入硫酸铜 0.04 克 ~ 0.05 克，将病鱼浸浴 10 ~ 15 分钟，然后用新水清洗；每立方米水体用硫酸铜 0.5 克和硫酸亚铁 0.2 克泼洒全池；在 5 千克水中投入 0.3 克晶体敌百虫，将病鱼浸浴 10 ~ 15 分钟；用晶体敌百虫和碳酸钠合剂（比例为 1 ∶ 0.6）泼洒全池，浓度为 0.1 毫克 / 升 ~ 0.24 毫克 / 升。

四、其他疾病

（一）浮头

症状与诊断：鱼浮于水面，嘴伸出水面吞空气。经常浮头的鱼的下颚皮肤形成凸出的畸形。

病因：水中溶氧量不足，原因有，长期未换水、养殖密度过大、天气突变、气压过低、水中的腐殖质及浮游生物过多。

（二）中暑与闷缸

病因：中暑通常在盛夏炎热季节的午后多发，主要原因是水温过高，水中溶氧低。闷缸通常是天气闷热，气压偏低，又遇上阵雨或暴雨，造成鱼缺氧，从而导致死亡。

症状与诊断：鱼出现呼吸急促，体色逐渐变浅，有的嘴巴周围或鳍的毛细血管充血，久浮水面，直至失去知觉而死。

发病季节：多发于炎夏的午后或夜间。

防治方法：炎热的夏季做好鱼池（缸）的遮阴工作，对因中暑或缺氧，尚未停止呼吸的鱼，要立即换水适当降温，并加入双氧水或增氧泵充氧。遇到天气闷热突变时，停止饲喂饵料。高温季节经常换水，以防鱼浮头。及时清除饲料残渣和粪便。尽量稀养，严格控制放养密度。

（三）气泡病

病因：长期不换水，导致水中单细胞藻过度繁殖，加之阳光直射，单细胞藻的光合作用过强，水中溶解氧过度饱和，微气泡附着于金鱼各鳍及体表，逐渐胀大，导致表皮细胞破裂，引起皮下毛细血管充血而致病。表现为各鳍溃烂，严重缺损，分泌大量黏液，严重时整个尾鳍都烂掉。

症状与诊断：病鱼的鳍条组织中产生许多大小不同的气泡，特别是尾鳍组织更为显著。病鱼浮在水表层，不易沉入水底，尾鳍组织伴有充血现象。

发病季节：多发生在春末、夏季高温季节。

治疗方法：避免水族箱长时间受阳光直射，定期添换新水。发现鱼有气泡病时，往容器中注入或换新水，降低水温，或将病鱼转入室内容器中，经过相当时间（数小时至一天），气泡逐渐消失，恢复正常。每天上午 10：00 以后，用竹帘或苇帘遮盖鱼池、缸盆，避免阳光直射。加入孔雀石绿（水体浓度为 0.1×10^{-6}）与呋喃唑酮（水体浓度为 4×10^{-6}），预防真菌性疾病与细菌性疾病并发。

（四）鱼鳔失调病

病因：主要是饵料不足，鱼体内脂肪含量少，降低了鱼体对低温的抵抗力，使体内鳔的功能失调。

症状与诊断：冬天，气温下降，有些鱼侧卧池底，用手触动，暂时能恢复正常游动，但很快又侧卧池底。严重时，鱼体侧卧，一侧鳞片因摩擦而大部脱落。轻者能度过冬天，到春暖花开时可恢复正常游动。

发病季节：这种病只在冬天发生。

防治方法：将病鱼集中起来管理，提高水温，加强营养，病鱼会很快恢复正常。

（五）萎瘪病

病因：因饵料不足、营养不良所导致。

症状与诊断：病鱼的身体消瘦干瘪，头大身长，体色灰暗，背脊很薄，鳃丝苍白，此为严重的贫血现象，鱼游动缓慢、乏力。

发病季节：秋末、冬季为主要发病季节。

防治方法：个体不同的当年鱼，要及时按规格分缸饲养，饲喂充足而营养全面的饵料。秋季尽量稀养，进行强化培育，切忌用温差过大的水猛冲鱼体。